Lecture Notes in Mathematics

Edited by A. Dold and

Series: Forschungsinstitut

T0219840

907

Peter Schenzel

Dualisierende Komplexe in der lokalen Algebra und Buchsbaum – Ringe

Springer-Verlag
Berlin Heidelberg New York 1982

Author

Peter Schenzel
Sektion Mathematik
Martin-Luther-Universität Halle-Wittenberg,
DDR-4010 Halle

AMS Subject Classifications (1980): 05 A 20, 13 D 25, 13 H XX, 14 B 15,
14 M 05, 18 G 40, 5 5 U 05

ISBN 3-540-11187-5 Springer-Verlag Berlin Heidelberg New York
ISBN 0-387-11187-5 Springer-Verlag New York Heidelberg Berlin

© by Springer-Verlag Berlin Heidelberg 1982
Printed in Germany

Printing and binding: Beltz Offsetdruck, Hemsbach/Bergstr.
2141/3140-543210

INHALTSVERZEICHNIS

English Summary

Homological algebra is a useful tool for attacking problems in algebraic geometry and commutative algebra. A high point of homological methods is the theory of dualizing complexes developed by A. Grothendieck and R. Hartshorne. It is used to settle several questions in commutative algebra and algebraic geometry. In these lecture notes we continue the study of dualizing complexes and their applications. Our considerations are motivated by the following problems.

- A parameter-free characterization of Buchsbaum rings.

In answering a question of D.A. Buchsbaum on multiplicities of parameter ideals in local rings, J. Stückrad and W. Vogel introduced the notion of a Buchsbaum ring; see 1.2 for a brief summary of their results. For a local Buchsbaum ring (A,m) the local cohomology modules $H^i_m(A)$, $0 \leq i < \dim A$, are finite-dimensional vector spaces over A/m. The converse is not true. So they posed the problem to characterize Buchsbaum rings by their homological behaviour.

- Vanishing theorems for local cohomology groups.

Let (A,m) denote a local Noetherian ring and $k \geq 1$ an integer. By virtue of A. Grothendieck's work the vanishing of the local cohomology modules $H^i_m(A) = 0$ for $\dim A - k \leq i < \dim A$ is equivalent to a certain duality statement; see 3.5 for the precise result. It would be of some interest to describe the vanishing in terms of local conditions on A.

- The Upper Bound Conjecture for simplicial manifolds.

Let Δ be a finite simplicial complex. Let f_i, $0 \leq i \leq \dim \Delta$, denote the number of i-faces of Δ . Assume that $|\Delta|$, the geometric realization of Δ , is a connected manifold. By virtue of the work of R.P. Stanley, M. Hochster, and V. Klee it is of interest to know an estimate of the f_i's in terms of $\dim \Delta$ and f_0 , the number of vertices of Δ .

We shall make some contributions to these problems. It will be shown that the dualizing complex of a Noetherian ring is a useful tool in handling such questions.

In 4.1.2 we show that a local ring A admitting a dualizing complex $D^{\bullet}$ is a Buchsbaum ring if and only if the truncated dualizing complex $\tau_{-d} D^{\bullet}$, $d = \dim A$, is isomorphic (in the derived category) to a complex of vector spaces over A/m . This result describes a question concerning multiplicity theory in a purely homological context. Furthermore, it makes it possible to construct examples of Buchsbaum rings (rings of invariants, Segre products, local rings associated to abelian varieties, pure rings, etc.). It shows that Buchsbaum rings, which grew out of a problem on multiplicity theory, are important in many other contexts of algebraic geometry.

In the third chapter we prove vanishing theorems for local cohomology modules and related results. In particular, for a normal local ring A and its canonical module K_A the vanishing $H^i_m(A) = 0$, $\dim A - r+2 \leqq i < \dim A$, is equivalent to the Serre condition S_r for K_A ; i.e.,

$$\operatorname{depth}_{A_p} (K_A)_p \geqq \min(r, \dim_{A_p} (K_A)_p)$$

for all prime ideals $p \in \operatorname{Supp} K_A$. Moreover, we also prove a dual vanishing result. Furthermore, we study several applications thereof in the theory of liaison, etc.

There is a one-to-one correspondence between ideals generated by square-free monomials in a polynomial ring and finite simplicial complexes. It enables us to transform certain combinatorial questions on simplicial complexes into questions on commutative graded rings. In this way we can solve problems of that kind via methods of commutative and homological algebra. For a finite simplicial complex Δ such that $|\Delta|$ is a connected manifold it follows

$$f_{\nu-1} \leqq \binom{n}{\nu} - \binom{d}{\nu} \sum_{i=-1}^{\nu-2} \binom{\nu-1}{i+1} \dim_k \tilde{H}_i(\Delta;k)$$

for $1 \leqq \nu \leqq \dim \Delta + 1 =: d$ and $f_o =: n$. Here $\tilde{H}_i(\Delta;k)$ denotes the reduced simplicial homology of Δ with coefficients in an arbitrary fixed field k. The main point in establishing this estimate is: For a connected manifold $|\Delta|$ a certain graded associated k-algebra $k[\Delta]$ is a Buchsbaum ring. It allows us to apply our dualizing complex characterization of Buchsbaum rings for computing the homology modules of certain Koszul complexes, which yields the above bound.

Furthermore, we use dualizing complexes for proving results on systems of parameters, the cohomology of complexes, etc.

Einleitung

Homologische Methoden haben ihre Tragkraft in der kommutativen Algebra spätestens seit J.-P. Serre's Charakterisierung der regulären Ringe durch die Endlichkeit der projektiven Dimension aller A-Moduln und deren Konsequenzen bewiesen. In der Folgezeit nahm die Entwicklung homologischer Methoden insbesondere durch A. Grothendieck, der die lokalen Kohomologiefunktoren als abgeleitete Funktoren des Funktors der globalen Schnitte einführte, einen stürmischen Aufschwung. Ein treibendes Motiv war hierbei das Ringen um eine Dualitätstheorie, die ihren Ursprung im Rochschen Teil des Riemann-Rochschen Satzes nahm. Ein Höhepunkt dieser Entwicklung ist R. Hartshorne's Lecture Note "Residues and Duality" |24|, wo unter anderem der Begriff des dualisierenden Komplexes eingeführt wurde. Letzterer hat seither in zahlreichen Anwendungen in der kommutativen Algebra, der algebraischen Geometrie und der lokalen analytischen Geometrie seine Nützlichkeit bewiesen. Im folgenden wollen wir einen Beitrag zu dieser Theorie und Anwendungen über den bisher bekannten Rahmen hinaus geben. Dabei haben wir uns in erster Linie an folgenden Problemstellungen orientiert:

- Parameterfreie Charakterisierungen von Buchsbaum-Ringen und -Moduln.

Nach Resultaten von J. Stückrad und W. Vogel werden die lokalen Kohomologiemoduln $H^i_{\mathfrak{m}}(A)$ eines Buchsbaum-Ringes A für $i \neq \dim A$ von $\mathfrak{m}$ annulliert, vergleiche 2.4.10. Da die Umkehrung hiervon nicht zutrifft, stellt sich die Frage nach einem entsprechenden parameterfreien Kriterium, das es ermöglicht, umfassende Beispielklassen von Buchsbaum-Ringen anzugeben.

- Verschwindungssätze für die "oberen" lokalen Kohomologiemoduln.

Sei A ein lokaler noetherscher Ring, dann ist nach A. Grothendieck |20, Theorem 6.7| das Verschwinden der lokalen Kohomologiemoduln

$H^i_{\mathfrak{m}}(A) = 0$ für $\dim A - k \leq i < \dim A$ für irgendeine ganze Zahl $k \geq 0$ für Dualitätsaussagen von Interesse, vergleiche 3.5. Wünschenswert erscheint eine Beschreibung des Verschwindens durch die lokale Natur des Ringes A .

- Die "Upper Bound Conjecture" für simpliziale Mannigfaltigkeiten.

Sei Δ ein (abstrakter) endlicher simplizialer Komplex und bezeichne f_i für $0 \leq i \leq \dim \Delta$ die Anzahl seiner i-Seiten. Dann werden nach Ueberlegungen von R.P. Stanley, M. Hochster und V. Klee möglichst explizite obere Abschätzungen für f_i in Abhängigkeit von f_o , der Anzahl der Ecken, und $\dim \Delta$ gesucht, insbesondere wenn der zugrunde liegende topologische Raum $|\Delta|$ von Δ eine Mannigfaltigkeit ist.

Darüber hinaus verfolgen wir Fragen nach der Kohomologie von Komplexen von A-Moduln, Eigenschaften von Parametersystemen und Eigenschaften des dualisierenden Komplexes.

Als ein methodisches Hilfsmittel, die scheinbar von einander entfernt stehenden Probleme zu bearbeiten, erweist sich die Theorie der dualisierenden Komplexe für einen noetherschen Ring. Darüber hinaus benutzen wir die von R. Hartshorne in |24| entwickelte Maschinerie der abgeleiteten Kategorien und Funktoren. Als weitere homologische Hilfsmittel stehen uns Spektralsequenzen, Koszul-Komplexe u.ä. zur Verfügung. Ferner verwenden wir zahlreiche Techniken der algebraischen Geometrie wie Reduktivität algebraischer Gruppen, Segre-Produkte, Veronese Einbettungen u.ä. und Methoden der simplizialen Topologie. Auf ein technisches Hilfsmittel der kommutativen Algebra sei explizit hingewiesen. Es handelt sich um die von M. Hochster und J.L. Roberts in |30| und |31| eingeführte Reinheit des Frobenius für einen Ring von Primzahlcharakteristik, vergleiche auf 4.4. Zahlreiche unserer Resultate hängen hiervon oder von entsprechenden Verfeinerungen ab.

Von unseren Hauptergebnissen sei an erster Stelle die Konstruktion eines Komplexes $I^{\cdot}$ von injektiven A-Moduln genannt, der für einen noetherschen lokalen Ring A die Funktion des dualisierenden Komplexes übernimmt, vergleiche 2.1. Wir beweisen in 2.1.2, dass für nach unten beschränkte Komplexe $M^{\cdot}$ mit endlich erzeugten Kohomologiemoduln die kanonische Abbildung

$$\underline{R}\,\Gamma_{\mathfrak{m}}(M^{\cdot}) \longrightarrow \mathrm{Hom}(\mathrm{Hom}(M^{\cdot},I^{\cdot}),E)$$

in D(A) ein Isomorphismus ist. (Für die Bezeichnungen vergleiche man 1.3 und 2.1.) Gegenüber der lokalen Dualität von R. Hartshorne |24, V, Theorem 6.2| ist hier der dualisierende Komplex durch den für jeden lokalen Ring A existierenden Komplex $I^{\cdot}$ ersetzt. Letzterer unterscheidet sich vom dualisierenden Komplex lediglich dadurch, dass die Kohomologiemoduln von $I^{\cdot}$ nicht als A- sondern als $\hat{A}$-Moduln aufgefasst endlich erzeugt sind. Diese Erweiterung der lokalen Dualität auf beliebige lokale Ringe gestattet es, einige Ergebnisse ohne die zusätzliche Voraussetzung der Existenz des dualisierenden Komplexes zu beweisen.

Hiervon ausgehend definieren wir für einen Komplex $M^{\cdot}$ die kohomologischen Annullatoren $\mathfrak{a}_i(M^{\cdot}) = \mathrm{Ann}_A\, H^i_{\mathfrak{m}}(M^{\cdot})$. Wenn $M^{\cdot} : 0 \longrightarrow M^o \longrightarrow \ldots \longrightarrow M^s \longrightarrow 0$ ein beidseitig begrenzter Komplex endlich erzeugter A-Moduln ist, gilt mit diesen Bezeichnungen nach 2.3.1

$$\mathfrak{a}_o(M^n)\ \mathfrak{a}_1(M^{n-1})\ \ldots\ \mathfrak{a}_n(M^o) \subseteq \mathfrak{a}_n(M^{\cdot})$$

für $n = 0,1,\ldots,s$. Das zeigt, in welchem Masse die lokale Kohomologie der Moduln die lokale Hyperkohomologie des Komplexes bestimmt. Dieses Resultat ist eines von weiteren, die Aussagen zur Kohomologie von Komplexen beinhalten. Als Anwendung, insbesondere von 2.3.1, erhalten wir das "lemme d'acyclicité" von C. Peskine und L. Szpiro aus |49|, was etwa in der Strukturtheorie freier Auflösungen von grosser Wichtigkeit ist.

Die Kohomologie von Komplexen ist eng verknüpft mit dem "New Intersection Theorem" aus |50| und |54| und der Konstruktion von "Big Cohen-Macaulay Modules" aus |27|. Wir klären den in diesem Zusammenhang von M. Hochster in |27| und |28| aufgeworfenen Begriff der Liebenswürdigkeit von Parametersystemen, vergleiche 2.4.1 für die Definition. Die Existenz liebenswerter Parametersysteme ist der Schlüssel zu M. Hochsters Konstruktion von "grossen" Cohen-Macaulay-Moduln für Ringe von Primzahlcharakteristik. Wir beweisen in 2.4.2, dass die Existenz des dualisierenden Komplexes für die Liebenswürdigkeit des Ringes hinreichend ist.

Im dritten Abschnitt klären wir weitgehend das Verschwinden der "oberen" lokalen Kohomologiemoduln eines Moduls. Hierzu führen wir für einen A-Modul M eines lokalen Ringes A mit dualisierendem Komplex den kanonischen Modul K_M ein, was eine entsprechende Begriffsbildung von J. Herzog und E. Kunz aus |26| erweitert. Für eine ganze Zahl $r > 2$ und einen endlich erzeugten A-Modul M, der die Serre-Bedingung S_2 erfüllt, sind nach 3.2.3 äquivalent:

(i) $H^i_{\mathfrak{m}}(M) = 0$ für alle i mit $\dim M - r + 2 \leq i < \dim M$ und

(ii) K_M erfüllt die Bedingung S_r, d.h.

$$\operatorname{depth}(K_M)_{\mathfrak{p}} \geq \min(r, \dim(K_M)_{\mathfrak{p}}) \quad \text{für alle} \quad \mathfrak{p} \in \operatorname{Supp} K_M .$$

Zuvor wird in 3.2.2 eine hierzu duale Aussage gezeigt, wobei M und K_M miteinander vertauscht sind. Bevor die Verschwindungssätze in Angriff genommen werden, erweist es sich als nützlich, einige Aussagen zur lokalen Kohomologie des kanonischen Moduls zu beweisen. Wir erhalten insbesondere in 3.1.2 eine Spektralsequenz, deren Ende grob gesprochen mit der lokalen Kohomologie $H^i_{\mathfrak{m}}(K_M)$ des kanonischen Moduls

K_M übereinstimmt. Letzteres und die Verschwindungssätze ermöglichen darüber hinaus Anwendungen in der Theorie der Liaison von C. Peskine und L. Szpiro sowie der lokalen Algebra, vergleiche 3.3 und 3.4.

Hieran schliesst sich das Kernstück unserer Betrachtungen in bezug auf Buchsbaum-Ringe und -Moduln an. Wir beweisen für einen d-dimensionalen lokalen Ring A mit dualisierendem Komplex $D^{\cdot}$ folgendes parameterfreie Kriterium:

Der lokale Ring A ist dann und nur dann ein Buchsbaum-Ring, wenn der an der (-d)-ten Stelle abgeschnittene (normalisierte) dualisierende Komplex $D^{\cdot}$ in der abgeleiteten Kategorie $D(A)$ isomorph zu einem Komplex von $(A/\mathfrak{m})$-Vektorräumen ist.

Dieses Ergebnis wird in 4.1.2 bewiesen, wo man einerseits eine Uebertragung auf Buchsbaum-Moduln findet und wo andererseits von diesem Kriterium ausgehend ein solches bewiesen wird, das von der Existenz des dualisierenden Komplexes unabhängig ist. Durch ein Beispiel wird belegt, dass ein lokaler Ring A, für den die lokalen Kohomologiemoduln $H^i_{\mathfrak{m}}(A)$ für $i \neq \dim A$ Vektorräume über $A/\mathfrak{m}$ sind, nicht notwendig ein Buchsbaum-Ring sein muss. Dies verdeutlicht, dass zur Beschreibung der Buchsbaum-Ringe verfeinerte kohomologische Betrachtungen notwendig sind, wie sie etwa der dualisierende Komplex erlaubt. Neben Anwendungen auf die Kohomologie von Komplexen über Buchsbaum-Ringen erhalten wir in 4.3.1 ein einfaches hinreichendes Kriterium für graduierte Buchsbaum-Ringe, das in diesem Fall mit Aussagen zur lokalen Kohomologie auskommt. In 4.4 greifen wir die von M. Hochster und J.L. Roberts in |30| und |31| betrachtete Reinheit der Frobenius-Abbildung und deren Gegenstück in der Charakteristik Null auf und bringen sie mit den Buchsbaum-Ringen in Verbindung. Wir zeigen, dass eine Reihe der in |31| betrachteten Ringe auf Buchsbaum-Ringe führen, vergleiche 4.4.3.

Die beiden letztgenannten Techniken sind die entscheidenden Methoden zum Auffinden von umfassenden Beispielklassen von Buchsbaum-Ringen. Es geht uns hierbei darum, explizit den Nachweis zu erbringen, dass die ursprünglich aus multiplizitätstheoretischen Ueberlegungen heraus entwickelte Ringstruktur über diesen Rahmen hinaus von allgemeinem Interesse ist. Im Vordergrund stehen folgende Konstruktionsverfahren für Buchsbaum-Ringe:

- Ringe von Invarianten reduktiver algebraischer Gruppen, die auf gewissen "singulären" Ringen operieren,
- Segre-Produkte von gewissen graduierten Cohen-Macaulay- und Buchsbaum-Ringen,
- Veronesesche Einbettungen reindimensionaler projektiver Cohen-Macaulay-Varietäten und
- Einbettungen abelscher Varietäten in projektive Räume durch geeignete invertierbare Garben.

In der Konsequenz hiervon erhalten wir zu vorgegebenen ganzen Zahlen $d > t \geq 2$ Beispiele normaler Buchsbaum-Ringe mit der Dimension d und der Tiefe t. Andererseits finden wir in den zu gewissen Jacobischen Varietäten assoziierten lokalen Ringen Beispiele faktorieller Buchsbaum-Ringe, die keine Cohen-Macaulay-Ringe sind. Schliesslich zeigen wir in 5.5 unter anderem, dass die durch die Liaison definierte Relation die Buchsbaum-Eigenschaft respektiert.

Zwischen den von quadratfreien Monomen erzeugten Idealen eines Polynomringes und den endlichen simplizialen Komplexen besteht nach 6.1 eine eindeutige Beziehung. Das gestattet uns, Fragen der Kombinatorik simplizialer Komplexe mit Methoden der kommutativen und homologischen Algebra zu bearbeiten. Mit der Reinheit des Frobenius beweisen wir, dass lokal perfekte quadratfreie Potenzproduktideale auf Buchsbaum-Ringe führen. In 6.2 geben wir auf Resultaten von G.A. Reisner |51| aufbauend eine Interpretation dieses Resultats durch die simpliziale Topologie des zugeordneten Komplexes Δ . Wir beweisen unter anderem, dass Δ einen Buchsbaum-Ring definiert, wenn die geometrische Realisierung $|\Delta|$ eine zusammenhängende Mannigfaltigkeit ist. Unter diesen Voraussetzungen kann der abgeschnittene dualisierende Komplex des Ringes $k[\Delta]$ in der abgeleiteten Kategorie durch den abgeschnittenen und um eine Stelle verschobenen orientierten, augmentierten Kettenkomplex von Δ ersetzt werden. Letztgenannter Satz ermöglicht einen Zugang zu Abschätzungen der Anzahl der Seiten gewisser simplizialer Komplexe. Wenn $|\Delta|$ eine $(d-1)$-Mannigfaltigkeit mit n Eckpunkten ist, erhalten wir für die Anzahl f_v der v-Seiten

$$f_{v-1} \leqq \binom{n}{v} - \binom{d}{v} \sum_{i=-1}^{v-2} \binom{v-1}{i+1} \dim_k \tilde{H}^i(\Delta,k)$$

für $0 \leqq v \leqq d$, vergleiche 6.3.2. Das gibt eine Antwort auf die eingangs erwähnte Problematik der "Upper Bound".

Zusammenfassend kann gesagt werden, dass sich die Theorie der dualisierenden Komplexe als geeignetes Hilfsmittel erwiesen hat, die gestellten Probleme zu bearbeiten. Insbesondere haben wir ein parameterfreies Kriterium für Buchsbaum-Ringe angegeben, dass eine ursprünglich rein multiplizitätstheoretische Fragestellung nunmehr mit Methoden der lokalen Kohomologietheorie wirkungsvoll beschreibt. Damit konstruieren wir umfassende Beispielklassen von Buchsbaum-Ringen, die die Nützlichkeit dieser Begriffsbildung in der algebraischen Geometrie und der Kombinatorik unterstreichen. Darüber hinaus definieren wir mit den kohomologischen Annulatoren einen Begriff, durch den die Kohomologie von Komplexen "approximiert" wird. Für den Koszul-Komplex beweisen wir damit die Liebenswürdigkeit von lokalen Ringen mit dualisierendem Komplex.

Zweifellos sind mit unseren Resultaten weder Theorie noch Anwendungen dualisierender Komplexe erschöpfend behandelt. Vielmehr geht es uns darum, weitere Aspekte der lokalen Kohomologietheorie darzulegen und deren Tragkraft in neuen Anwendungsbereichen aufzuzeigen. Mögliche Orientierungspunkte für ein Weitergehen sind etwa:

- Anwendungsmöglichkeiten in der Kombinatorik.

Jeder (endlichen) teilweise geordneten Menge wird durch die Menge der totalgeordneten Untermengen ein simplizialer Komplex zugeordnet. Mit der erwähnten Zuordnung eines quadratfreien Potenzproduktideals ergibt sich etwa bei der Berechnung von Möbius-Funktionen die Möglichkeit, kommutative und homologische Algebra anzuwenden.

- Existenz dualisierender Komplexe.

Wir haben den dualisierenden Komplex in einer Reihe von Anwendungen, insbesondere der lokalen Dualität, durch einen anderen Komplex injektiver Moduln ersetzt. Wünschenswert erscheint eine exakte Beschreibung derjenigen lokalen Ringe, für die der dualisierende Komplex existiert.

- "The New Intersection Theorem".

In |50| und |54| haben C. Peskine, L. Szpiro und P. Roberts für equcharakteristische lokale Ringe A bewiesen, dass ein Komplex endlich erzeugter freier A-Moduln

$$0 \longrightarrow F^0 \longrightarrow \dots \longrightarrow F^r ,$$

dessen Kohomologiemoduln endliche Länge haben, azyklisch ist, falls $r < \dim A$. Dieses "New Intersection Theorem" zieht den Beweis einer Reihe von Vermutungen nach sich, vergleiche |49|. Durch Verfeinerungen kohomologischer Ueberlegungen wäre hierin ein Fortschritt für beliebige lokale Ringe zu erhoffen.

Daneben erscheint es als sinnvoll, einige der Ausführungen, etwa der über die lokale Kohomologie von Komplexen, der kohomologischen Annullatoren u.ä., generell in eine Theorie der Komplexe einzuordnen.

Bei der Darstellung der Ergebnisse haben wir versucht, abgesehen von zum Verständnis erforderlichen Ausnahmen, auf die Wiederholung bekannter Resultate zu verzichten und diese durch entsprechende Literaturhinweise zu ersetzen. Hierdurch ergibt sich in einigen Beweisen "lakonische" Kürze. Wir haben uns jedoch für dieses Vorgehen entschieden, um die Stoffülle bei einem halbwegs erträglichen Umfang der Arbeit darlegen zu können. Jedem Abschnitt sind Zusammenfassungen und kurze Wertungen der Ergebnisse vorangestellt.

Beim Niederschreiben dieser Zeilen fühle ich mich vielen Freunden und Kollegen zu Dank verpflichtet. An erster Stelle möchte ich meiner Ehefrau Karla herzlich für die Ermunterung zur Arbeit an diesen Resultaten danken. Zu tiefem Dank bin ich Herrn Prof. Dr. W. Vogel verpflichtet für die Möglichkeit, einige Resultate in seinem Seminar "Algebraische Geometrie" vortragen zu dürfen, und für die Diskussionen mit ihm und Herrn Dr. J. Stückrad. Nicht zuletzt gilt mein besonderer Dank Herrn Prof. Dr. R. Kiehl für einige wesentliche Anregungen.

Die vorliegende Arbeit entspricht bis auf geringfügige Abänderungen und Ergänzungen der Dissertation B (Habilitation) des Verfassers. Der Autor bedankt sich bei Herrn Prof. Dr. B. Eckmann und dem Forschungsinstitut für Mathematik der ETH Zürich für die grosszügige Unterstützung, die das Erscheinen der Arbeit als Lecture Note ermöglichte.

Für das Tippen des Manuskriptes bedanke ich mich herzlich bei Frau Aquilino.

1. Vorbereitende Ergebnisse und Bezeichnungen

Wir beginnen diesen einleitenden Abschnitt mit einem kurzen Hinweis auf die benutzten Bezeichnungen und Definitionen aus der kommutativen Algebra. Im zweiten Teil stellen wir, ausgehend von D.A. Buchsbaums Vermutung, eine parametermässige Beschreibung der Buchsbaum-Moduln vor. In 1.2.2 beweisen wir auf elementarem Wege ein Resultat, das uns in 1.2.3 ein erstes Kriterium für Buchsbaum-Ringe liefert. Damit sind wir in der Lage, erste Beispiele von Buchsbaum-Ringen und Gegenbeispiele zu D.A. Buchsbaums ursprünglicher Fragestellung anzugeben. Einerseits soll damit zum allgemeinen Studium der Buchsbaum-Ringe in 4. und 5. angeregt werden. Andererseits gelingt es uns in 1.2.5, mit diesen elementaren Hilfsmitteln, eine Klassifizierung von Flächensingularitäten bezüglich ihrer Buchsbaum-Eigenschaft anzugeben.

Im dritten Teil stellen wir die benötigten Bezeichnungen und Begriffe aus der Dualitätstheorie zusammen. Der Vollständigkeit wegen schliessen wir einen Beweis der lokalen Dualität an.

1.1. Begriffe und Bezeichnungen aus der kommutativen Algebra

In unserer Bezeichnungsweise stimmen wir mit der gewöhnlich bevorzugten überein, wie sie in den Standardwerken |40|, |47|, |62| oder |76| entwickelt wird. Unter $(A,\mathfrak{m},k)$ oder kurz A verstehen wir einen lokalen noetherschen Ring A mit von Null verschiedenem Einselement und dem Restklassenkörper $k = A/\mathfrak{m}$, wobei $\mathfrak{m}$ das einzige maximale Ideal von A bezeichnet. Für lokale Gorenstein-Ringe (für die Definition vergleiche |4| oder |20|) benutzen wir im Unterschied hierzu R. Für graduierte Ringe schreiben wir R, R_1, R_2 oder S.

Moduln über einem Ring werden stets als unitär vorausgesetzt. Wenn nicht ausdrücklich anders gesagt, bezeichne M einen endlich erzeugten A-Modul. Ein System von Elementen $\underline{x} = \{x_1,\ldots,x_d\}$ aus dem maximalen Ideal $\mathfrak{m}$ von A nennen wir Parametersystem für M, wenn gilt

$$\dim_A M/\underline{x}M = 0 \quad \text{und} \quad d = \dim_A M \,.$$

Für weitere, oft stillschweigend benutzte Eigenschaften von Parametersystemen verweisen wir auf |62|. Wir vereinbaren hier lediglich $\underline{x}_s = \{x_1,\ldots,x_s\}$ für $0 \leqq s \leqq d$, wobei $\underline{x}_s = 0$ für $s = 0$ gesetzt wird. Ein endlich erzeugter A-Modul M heisst äquidimensional, wenn für alle minimalen Primideale

$$\mathfrak{p} \in \mathrm{Ass}_A M \quad \text{gilt} \quad \dim A/\mathfrak{p} = \dim M \,.$$

Ein Ring A wird katenär genannt, wenn für je zwei Primideale $\mathfrak{p}, P \in \mathrm{Spec}\, A$ mit $\mathfrak{p} \subset P$ jede unverfeinerbare Kette von Primidealen $\mathfrak{p} = P_0 \subset P_1 \subset \ldots \subset P_n = P$ aus ein und derselben Anzahl von Primidealen besteht.

Es gilt nach |22, 0_{IV} 16|:

Sei M ein endlich erzeugter A-Modul über einem katenären Ring A. Ist M äquidimensional, dann gilt

$$\dim_A M = \dim_{A_\mathfrak{p}} M_\mathfrak{p} + \dim A/\mathfrak{p} \quad \text{für alle} \quad \mathfrak{p} \in \mathrm{Supp}\, M \,.$$

Für die Definition von regulärer Sequenz, Cohen-Macaulay-Modul u.ä. vergleiche man die eingangs erwähnten Standardwerke.

1.2. Buchsbaum-Ringe und -Moduln

Die Buchsbaum-Ringe und -Moduln sind diejenige Verallgemeinerung der Cohen-Macaulay-Struktur, die eine positive Antwort auf die Frage von D.A. Buchsbaum aus |7| nach der Unabhängigkeit der Differenz $L(M/\underline{x}M) - e_o(\underline{x};M)$ von dem Parametersystem $\underline{x}$ für einen Modul M geben. Hierbei bezeichnet "L" die Länge als A-Modul und "e_o" die Multiplizität. Dass diese Vermutung von Buchsbaum im allgemeinen nicht gilt, wurde erstmals von W. Vogel in |75| bewiesen.

Definition und Satz 1.2.1. Sei M ein endlich erzeugter A-Modul mit $d = \dim M$, dann sind folgende Bedingungen äquivalent:

(i) Für jedes Parametersystem $\underline{x} = \{x_1,\ldots,x_d\}$ für M gilt
$\mathfrak{m}((x_1,\ldots,x_{i-1})M:x_i/(x_1,\ldots,x_{i-1})M) = 0$ für $i = 1,\ldots,d$.

(ii) Für jedes Parametersystem $\underline{x} = \{x_1,\ldots,x_d\}$ für M gilt
$\mathfrak{m}((x_1,\ldots,x_{d-1})M:x_d(x_1,\ldots,x_{d-1})M) = 0$.

(iii) Es gibt eine Modulinvariante $C_A(M)$, so dass
$L(M/\underline{x}M) - e_o(\underline{x};M) = C_A(M)$
für jedes Parametersystem $\underline{x}$ für M gilt.

Einen A-Modul M, der eine dieser Bedingungen erfüllt, nennen wir Buchsbaum-Modul. Entsprechend heisst ein Ring A Buchsbaum-Ring, wenn A als A-Modul ein Buchsbaum-Modul ist.

Den Beweis dieser Aussage, aufgeschrieben für einen Ring, findet man in |73|. Der Beweis für einen A-Modul M unterscheidet sich davon unwesentlich, weshalb wir auf eine Wiederholung verzichten. Die Invariante $C_A(M)$ ist in |53| explizit durch die lokalen Kohomologiemoduln berechnet worden, vergleiche hierzu auch 4.2. Es zeigt sich nämlich, dass für einen Buchsbaum-Modul M die lokalen Kohomologiemoduln

$$H^i_{\mathfrak{m}}(M) \;, \quad i \neq \dim_A M \;,$$

endlich-dimensionale Vektorräume über $k = A/\mathfrak{m}$ sind. Für die Invariante $C_A(M)$ ergibt sich damit

$$C_A(M) = \sum_{i=0}^{d-1} \binom{d-1}{i} \dim_k H^i_{\mathfrak{m}}(M) \;,$$

$d = \dim_A M$, vergleiche hierzu die Ergebnisse in 4.1 und 4.2. Eine multiplizitätstheoretische Beschreibung der Invarianten wurde darüber hinaus in |59| gegeben. In |59| beweisen wir, dass für ein Parametersystem $\underline{x}$ eines Buchsbaum-Moduls M die höheren Koeffizienten $e_i(\underline{x};M)$, $1 \leq i \leq d$, des Hilbert-Samuel-Polynoms

$$L(M/\underline{x}^{k+1}M) = e_o(\underline{x};M)\binom{k+d}{d} + e_1(\underline{x};M)\binom{k+d-1}{d-1} + \ldots + e_d(\underline{x};M)$$

für $k >> 0$ vom Parametersystem $\underline{x}$ unabhängig sind. D.h. sie sind Modulinvarianten $e_i(M) := e_i(\underline{x};M)$, $1 \leq i \leq d$, für die sich zeigt

$$C_A(M) = \sum_{i=1}^{d} e_i(M) \;.$$

Zweifellos ist das angegebene Kriterium sehr unhandlich, da zur Bestätigung der Buchsbaum-Eigenschaft eine Aussage über alle Parametersysteme bewiesen werden muss. Ein parameterfreies Kriterium wurde in |74| angegeben, ein weiteres beweisen wir in 4.1. Ein Cohen-Macaulay-Modul ist trivialerweise Buchsbaum-Modul. Umfassende Beispielklassen von nichttrivialen Buchsbaum-Moduln wollen wir in 5. konstruieren.

Bevor wir im Abschnitt 4 mit der Darlegung einer allgemeineren Theorie der Buchsbaum-Moduln beginnen, wollen wir bereits hier einige einfache Beispiele darlegen. Insbesondere wollen wir ein Gegenbeispiel zu der eingangs erwähnten Vermutung von D.A. Buchsbaum aufzeigen. Darüber hinaus sollen diese "elementareren" Bemerkungen einen Anreiz zur weiteren Betrachtung von Buchsbaum-Ringen vermitteln.

Satz 1.2.2. Sei M ein Cohen-Macaulay-Modul über A und $N \subset M$ ein Untermodul mit $d := \dim_A N \geq 1$ und $L(M/N) < \infty$. Dann gelten folgende Aussagen:

(a) Ein Parametersystem $\underline{x}$ für N erfüllt die Ungleichung

$$L(N/\underline{x}N) - e_0(\underline{x};N) \leq (d-1)\, L(M/N) .$$

(b) Gleichheit trifft in (a) genau dann zu, wenn $\underline{x}(M/N) = (0)$ gilt.

Beweis. Sei $\underline{x} = \{x_1,\ldots,x_d\}$ ein beliebiges Parametersystem für N . Aus den Voraussetzungen ergibt sich leicht $\dim N = \dim M$. Wir betrachten nun die Inklusionen

$$\begin{array}{ccc} N & \subset & M \\ \cup & & \cup \\ \underline{x}N & \subset & \underline{x}M \end{array} ,$$

woraus insbesondere folgt, dass $M/\underline{x}N$ von endlicher Länge ist. Wegen $d = \dim M$ zeigt dies auch, dass $\underline{x}$ ein Parametersystem für M ist. Durch Betrachtung der Längen erhält man

$$L(M/N) + L(N/\underline{x}N) = L(M/\underline{x}M) + L(\underline{x}M/\underline{x}N) .$$

Da M ein Cohen-Macaulay-Modul ist, gilt $e_0(\underline{x};M) = L(M/\underline{x}M)$. Die kurze exakte Sequenz

$$0 \longrightarrow N \longrightarrow M \longrightarrow M/N \longrightarrow 0$$

ergibt $e_0(x;M) = e_0(\underline{x};N)$, wie aus einfachen Eigenschaften des Multiplizitätssymbols folgt. D.h.,

$$L(N/\underline{x}N) - e_o(\underline{x};N) = L(\underline{x}M/\underline{x}N) - L(M/N) .$$

Wir betrachten nun den Modul $\underline{x}M/\underline{x}N$ und konstruieren eine Sequenz

$$\bigoplus_{1 \leq i_1 < i_2 \leq d} (M/N)\, T_{i_1 i_2} \xrightarrow{d_2} \bigoplus_{1 \leq j \leq d} (M/N)\, T_j \xrightarrow{d_1} \underline{x}M/\underline{x}N \longrightarrow 0$$

vermöge

$$d_2(m+N)\, T_{i_1 i_2} = (x_{i_1}\, m+N)\, T_{i_2} - (x_{i_2}\, m+N)\, T_{i_1} \quad \text{und}$$

$$d_1((m+N)\, T_j) = x_i m + \underline{x}N$$

für $m \in M$. Hierbei bezeichne $T_{i_1 i_2}$ und T_j Unbestimmte über A . Man prüft leicht $d_1 \circ d_2 = 0$ nach. Wir behaupten nun, dass dieser Komplex exakt ist. Die Abbildung d_1 ist selbstverständlich epimorph. Sei $(m_1+N,\ldots,m_d+N) \in \operatorname{Ker} d_1$, dann gilt

$$\sum_{i=1}^{d} x_i m_i \in \underline{x}N \quad \text{und} \quad \sum_{i=1}^{d} x_i (m_i - n_i) = 0$$

für gewisse $n_i \in N$. Da $\underline{x}$ eine M-reguläre Folge bildet, wird $(m_1-n_1,\ldots,m_d-n_d)$ von den trivialen Relationen über M erzeugt, d.h. aber $(m_1,\ldots,m_d) \in \operatorname{im} d_2$. Also ist die Folge von A-Moduln endlicher Länge exakt. Das beweist insbesondere die Aussage (a) . Wenn $\underline{x}M \subset N$ vorausgesetzt wird, gilt $d_2 = 0$ und d_1 ist ein Isomorphismus. Wenn umgekehrt die Gleichheit über die Längen zutrifft, ist d_1 ein Isomorphismus und somit $d_2 = 0$. Das heisst aber nichts anderes als $x_i m \in N$, $1 \leq i \leq d$, für alle $m \in M$. Damit ist auch (b) gezeigt. □

Der Modul N in 1.2.2 erfüllt insbesondere die Eigenschaft, dass die Differenz $L(N/\underline{x}N) - e_o(\underline{x};N)$ für alle Parametersysteme $\underline{x}$ für N beschränkt ist. A-Moduln N mit dieser Eigenschaft sind in |61| und |59| detailliert untersucht worden. Insbesondere ist es in |61| gelungen, eine kohomologische Beschreibung zu beweisen. Satz 1.2.2

ist eine Verschärfung von Lemma 2 (M. Herrmann, R. Schmidt: Remarks on generalized Cohen-Macaulay rings and singularities. J. Math. Kyoto Univ. 19 (1979), 33-40).

Korollar 1.2.3. Seien A,M,N wie zuvor. Der Modul N ist dann und nur dann ein Buchsbaum-Modul, wenn $\mathfrak{m} M \subset N$ gilt. Unter dieser Voraussetzung ist

$$C_A(N) = (d-1) \dim_k M/N \quad \text{mit} \quad d = \dim N .$$

Beweis. Wenn das maximale Ideal $\mathfrak{m}$ den Modul M/N annulliert, gilt für jedes Parametersystem $\underline{x}$ in 1.2.2 (b) die Gleichheit, d.h. N ist ein Buchsbaum-Modul. Wenn umgekehrt N ein Buchsbaum-Modul ist, gilt $x(M/N) = 0$ für alle Parameter x bezüglich N . Hieraus folgt, dass M/N ein Vektorraum ist. □

Im Hinblick auf 1.2.3 lassen sich leicht Beispiele von Buchsbaum-Ringen bzw. Gegenbeispiele zu der eingangs erwähnten Vermutung herleiten.

Beispiele 1.2.4. (a) Das maximale Indeal $\mathfrak{m}$ eines (lokalen) Cohen-Macaulay-Ringes A ist ein Buchsbaum-Modul über A mit $C_A(\mathfrak{m}) = d - 1$, $d = \dim A \geqq 1$.

b) Sei $A = k[|s^4, s^3t, st^3, t^4|]$ der Unterring des formalen Potenzreihenringes in Unbestimmten s,t über k . Das Führerideal von A bezüglich der Normalisierung $B = k[|s^4, s^3t, s^2t^2, st^3, t^4|]$ ist gleich (s^4, s^3t, st^3, t^4) A . Da B als normaler 2-dimensionaler Ring ein Cohen-Macaulay-Ring und endlicher A-Modul ist, erhalten wir, dass A ein Buchsbaum-Ring mit $C(A) = 1$ ist. Das zugehörige Primideal geht auf F.S. Macaulay zurück, der es als Beispiel für die Imperfektheit von Polynomidealen benutzte.

(c) In dem Buch "Analytische Stellenalgebren" von H. Grauert und R. Remmert (Springer-Verlag 1971) wird auf S. 144 gezeigt, dass der lokale Ring $A = k[|x_1,\dots,x_n,x_1y,\dots,x_ny,y^2,y^3|]$ kein Cohen-Macaulay-Ring ist. Die Normalisierung von A ist $B = k[|x_1,\dots,x_n,y|]$, ein regulärer Ring, von dem man sofort sieht, dass er über A endlich ist und durch y über A als k-Algebra erzeugt wird. Das Führerideal der Inklusion $A \subset B$ erweist sich als $(x_1,\dots,x_n,x_1y,\dots,x_ny,y^2,y^3)\,A$, d.h. A ist ein Buchsbaum-Ring mit $C(A) = n-1$.

(d) Sei $A = k[|x,xy,y^2,y^5|]$ der Unterring des formalen Potenzreihen-Ringes $B = k[|x,y|]$. Dann ist B gerade die Normalisierung von A und als A-Modul endlich. Für das Führerideal $\mathfrak{f}$ gilt $\mathfrak{f} = (x,xy,y^4,y^5)\,A$. Aus 1.2.2 folgt für ein Parametersystem $\underline{x}$ von A

$$L(A/\underline{x}A) - e_o(\underline{x};A) = 2$$

dann und nur dann, wenn $\underline{x} \subseteq \mathfrak{f}$ gilt. Hierzu bestätigt man leicht $L(B/A) = 2$. Für das Parametersystem $\underline{x} = \{x,y^2\}$ gilt nach 1.2.2

$$0 < L(A/\underline{x}A) - e_o(\underline{x};A) \leqq 1\text{ , d.h.}$$

$$L(A/\underline{x}A) - e_o(\underline{x};A) = 1\ .$$

Damit ist A kein Buchsbaum-Ring. Man rechnet auch leicht $L(A/\underline{x}A) = 3$ und $e_o(\underline{x};A) = 2$ direkt nach.

Für gewisse Flächensingularitäten lässt sich bereits an dieser Stelle eine Beschreibung ihrer Buchsbaum-Eigenschaft geben, die wir wegen ihrer Einfachheit gesondert anführen möchten. Für Fortsetzungen dieser Ideen sei auf die Ausführungen in 4.1 und insbesondere auf 4.1.3 verwiesen.

Satz 1.2.5. Sei A ein lokaler zweidimensionaler Integritätsbereich. Dann sind die folgenden Bedingungen äquivalent:

(i) A ist ein Buchsbaum-Ring.

(ii) Es gibt ein Parametersystem $\{x,y\}$ für A, so dass $\mathfrak{m}(xA:y/xA) = 0$ und $xA : y$ ein Cohen-Macaulay-Ideal ist.

(iii) Es gibt einen eindeutig bestimmten Zwischenring $A \subset B \subset Q(A)$, $Q(A)$ bezeichnet den Quotientenkörper von A, so dass B ein endlich erzeugter zweidimensionaler Cohen-Macaulay-Modul über A und $\mathfrak{m}B \subset A$ ist.

(iv) Für den ersten lokalen Kohomologiemodul gilt $\mathfrak{m}H^1_{\mathfrak{m}}(A) = 0$.

Falls A eine dieser Bedingungen erfüllt, erhält man für die Invariante $C(A) = \dim_k H^1_{\mathfrak{m}}(A)$.

Beweis. Wir zeigen zuerst (i) $\Longrightarrow$ (ii). Da A ein Buchsbaum-Ring ist, gilt nach 1.2.1

$$\mathfrak{m}(xA:y/xA) = 0$$

für irgendein Parametersystem $\{x,y\}$ von A. Das impliziert insbesondere

$$xA : y = xA : y^2$$

für irgendein Parametersystem $\{x,y\}$ von A. Wegen $xA : y \subset A$ ist insbesondere x ein $(xA:y)$-reguläres Element. Wir zeigen nun, dass y auch $(xA:y)/x(xA:y)$-regulär ist, d.h. wir haben zu zeigen

$$(x(xA:y)) : y = x(xA:y) .$$

Es genügt, $(x(xA:y)) : y \subseteq x(xA:y)$ nachzuweisen. Sei $r \in (x(xA:y)) :$ dann gilt $ry = xs$ mit $s \in xA : y$, d.h. $sy = xt$. Insgesamt erhalten wir

$$ry^2 = xsy = x^2t .$$

Wegen der obigen Bemerkung folgt somit

$$r \in x^2A : y^2 = x^2A : y$$

und $ry = x^2u$. Da x^2 ein Nichtnullteiler ist, ergibt sich hieraus $t = yu$. Andererseits bemerken wir

$$u \in yA : x^2 = yA : x \quad \text{und} \quad ux = yv .$$

Das bedeutet aber $ry = xyv$ und $r = xv$, da y ein Nichtnullteiler ist. Wegen $v \in xA : y$ zeigt das aber $r \in x(xA:y)$. Im nächsten Schritt zeigen wir die Implikation (ii) $\Longrightarrow$ (iii) . Da x ein Nichtnullteiler ist, gilt die Isomorphie

$$xA : y \cong x^{-1}(xA:y)$$

als A-Moduln, wobei x^{-1} das zu x inverse Element in $Q(A)$ bezeichnet. Wir weisen nun nach, dass $B := x^{-1}(xA:y)$ der gesuchte Zwischenring ist. Nach Definition ist B ein endlich erzeugter zweidimensionaler Cohen-Macaulay-Modul über A . Wegen $B/A \cong xA : y/xA$ gilt $\mathfrak{m} B \subset A$. Es bleibt zu zeigen, dass B ein Erweiterungsring ist. Die durch den obigen Isomorphismus induzierte kurze exakte Sequenz

$$0 \longrightarrow A \longrightarrow B \longrightarrow xA : y/xA \longrightarrow 0 \qquad (*)$$

zeigt wegen $\mathfrak{m}(xA:y/xA) = 0$ die Isomorphismen

$$\varinjlim_t \mathrm{Hom}_A(\mathfrak{m}^t, A) \cong \varinjlim_t \mathrm{Hom}_A(\mathfrak{m}^t, B) \cong B .$$

Letzteres gilt wegen $\mathrm{depht}_A B = 2$. Damit ist B isomorph zum Ring der

Schnitte von $\mathcal{O}_{\mathrm{Spec}\,A}$ mit Träger in $\mathrm{Spec}\,A \setminus V(\mathfrak{m})$. Die Eindeutigkeit von B folgt demselben Argument. Die Implikation (iii) $\Longrightarrow$ (iv) ergibt sich durch Anwendung der lokalen Kohomologie auf die Sequenz (*) . Für den Beweis der Implikation (iv) $\Longrightarrow$ (i) sei $\{x,y\}$ irgendein Parametersystem von A . Die kurze exakte Sequenz $0 \longrightarrow A \xrightarrow{x} A \longrightarrow A/xA \longrightarrow 0$ beweist $H^1_{\mathfrak{m}}(A) \cong H^0_{\mathfrak{m}}(A/xA)$, da $H^1_{\mathfrak{m}}(A)$ von x annulliert wird. Andererseits gilt

$$H^0_{\mathfrak{m}}(A/xA) \cong xA : y^n/xA \quad \text{für} \quad n >> 0 .$$

Da $H^0_{\mathfrak{m}}(A/xA)$ von y annulliert wird, ergibt sich hieraus $xA : y = xA : y^n$ und

$$H^1_{\mathfrak{m}}(A) \cong xA : y/xA$$

wird von $\mathfrak{m}$ annulliert. Das bedeutet $\mathfrak{m}(xA:y) \subseteq xA$ für irgendein Parametersystem $\{x,y\}$ von A . In Hinblick auf 1.2.1 ist A ein Buchsbaum-Ring. □

Den vorangehenden Satz kann man mit denselben Ueberlegungen auf folgende Situation übertragen:

Sei A ein lokaler Ring mit $H^i_{\mathfrak{m}}(A) = 0$ für $i \neq 1$, dim A und dim A ≥ 2 . Dann sind die folgenden Aussagen äquivalent:

(i) A ist ein Buchsbaum-Ring.

(ii) Es existiert ein Parametersystem $\underline{x} = \{x_1,\ldots,x_d\}$, d = dim A , für A , so dass x_1 ein Nichtnullteiler, $\mathfrak{m}(x_1A:x_2/x_1/A) = 0$ und $x_1A : x_2$ ein Cohen-Macaulay-Ideal in A ist.

(iii) Es gibt einen eindeutig bestimmten Zwischenring $A \subset B \subset Q(A)$, Q(A) bezeichnet den vollen Quotientenring von A , so dass B ein endlich erzeugter Cohen-Macaulay-Modul über A mit dim B = = dim A und $\mathfrak{m}B \subset A$ ist.

(iv) Der erste lokale Kohomologiemodul $H^1_{\mathfrak{m}}(A)$ wird von $\mathfrak{m}$ annulliert.

Falls A eine dieser Bedingungen erfüllt, erhält man für die Invariante $C(A) = (d-1)\dim_k H^1_{\mathfrak{m}}(A)$.

Der Beweis dieser Behauptung folgt mehr oder weniger stark der im Beweis von 1.2.5 vorgezeichneten Linie. Wir erwähnen dieses Resultat hier lediglich, weil diese Art von Buchbaum-Ringen in den Arbeiten von S. Goto (On the Macaulayfication of certain Buchsbaum rings. Nagoya J. Math. 80 (1980), 107-116) und S. Goto und Y. Shimoda (On Rees algebras over Buchsbaum rings. J. Math. Kyoto Univ. 20 (1980), 691-708) eine ausgezeichnete Rolle spielen. Wir wollen noch ein technisches Hilfsmittel aus |61| beweisen. Hierzu bezeichne $\wedge$ die $\mathfrak{m}$-adische Komplettierung.

Lemma 1.2.6. Ein endlich erzeugter A-Modul M ist genau dann ein Buchsbaum-Modul, wenn das für den $\hat{A}$-Modul $\hat{M}$ zutrifft. Für die Invarianten gilt dann $C_A(M) = C_{\hat{A}}(\hat{M})$.

Beweis. Sei M ein Buchsbaum-Modul. Da es zu irgendeinem Parametersystem $\underline{x}'$ für $\hat{M}$ ein Parametersystem $\underline{x}$ für M mit $\underline{x}\hat{M} = \underline{x}'\hat{M}$ gibt, erhält man

$$L(\hat{M}/\underline{x}'\hat{M}) = L(\hat{M}/\underline{x}\hat{M}) = L(M/\underline{x}M) \quad \text{und}$$

$$e_o(\underline{x}';\hat{M}) = e_o(\underline{x};\hat{M}) = e_o(\underline{x};M) .$$

Die Invarianz von $L(\hat{M}/x'\hat{M}) - e_o(x';\hat{M})$ folgt somit aus der entsprechenden Invarianz für M . Die Umkehrung beweist man ebenso, da ein Parametersystem $\underline{x}$ für M auch ein solches für $\hat{M}$ ist. □

1.3. Lokale Dualität und abgeleitete Funktoren

Für alle verwendeten Grundbegriffe der homologischen Algebra verweisen wir auf das Lehrbuch |38| von S. MacLane.

Mit $\Gamma_{\mathfrak{a}}$ bezeichnen wir den Funktor der Schnitte mit Träger in der Varietät von $\mathfrak{a}$, d.h.

$$\Gamma_{\mathfrak{a}}(M) := \bigcup_{n \geq 1} 0_M : \mathfrak{a}^n = \varinjlim_n \operatorname{Hom}_A(A/\mathfrak{a}^n, M)$$

für einen A-Modul M. Für einen A-Homomorphismus $f : M \longrightarrow N$ wird $\Gamma_{\mathfrak{a}}(f)$ definiert als Einschränkung von f auf $\Gamma_{\mathfrak{a}}(M)$. Damit ist $\Gamma_{\mathfrak{a}}$ ein linksexakter, kovarianter, additiver Funktor, dessen rechtsabgeleitete Funktoren wir mit $H^i_{\mathfrak{a}}$ bezeichnen, vergleiche |20| und |21| für weitere Eigenschaften. Wir wollen hier einige zum Verständnis des folgenden benötigten Begriffe aus der Dualitätstheorie von R. Hartshorne aus |24| zusammenstellen. Für eine elementarere Entwicklung einiger Sätze der lokalen Dualität verweisen wir auf R.Y. Sharps Arbeiten |63|, |64| und |65|.

Die Kategorie $D(A)$ (bzw. $D^-(A)$, $D^+(A)$, $D_c(A)$) ist die abgeleitete Kategorie (vergleiche |24|) der Kategorie, deren Objekte Komplexe von A-Moduln (bzw. oben begrenzte Komplexe, unten begrenzte Komplexe, Komplexe von A-Moduln mit endlich erzeugten Kohomologiemoduln) und deren Morphismen Homotopieäquivalenzklassen von Morphismen von Komplexen sind. Ferner benutzen wir die Abkürzungen $D^b(A) = D^+(A) \cap D^-(A)$, $D^+_c(A) = D^+(A) \cap D_c(A)$, $D^-_c(A) = D^-(A) \cap D_c(A)$ und $D^b_c(A) = D^b(A) \cap D_c(A)$. Wenn $X^\cdot$ ein Komplex und t eine ganze Zahl ist, bezeichne $X^\cdot[t]$ den um t Stellen nach links verschobenen Komplex $X^\cdot$, für den das Vorzeichen des Differentials gewechselt wird, falls t ungerade ist. Die Kategorie der A-Moduln ist äquivalent zu der vollen Unterkategorie von $D(A)$, die aus Komplexen $X^\cdot$ mit

$H^i(X^\cdot) = X$ für $i \neq 0$ besteht, vergleiche |24, S. 40|. Daher wird ein A-Modul M als Komplex $X^\cdot$ mit $X^i = 0$ für $i \neq 0$ und $X^0 = M$ aufgefasst.

Wenn $X^\cdot \in D^-(A)$ (bzw. $X^\cdot \in D^+(A)$), dann gibt es einen zu $X^\cdot$ in $D(A)$ isomorphen Komplex $Y^\cdot$, so dass Y^i für alle i ein projektiver (bzw. injektiver) A-Modul ist, vergleiche |24, I, Lemma 4.6|. Falls sogar $X^\cdot \in D_c^-(A)$ gilt, kann Y^i als endlich erzeugter und somit freier A-Modul gewählt werden. Ein Komplex $X^\cdot \in D^b(A)$, der in $D(A)$ isomorph zu einem beidseitig begrenzten Komplex flacher (projektiver, injektiver) Moduln ist, wird als Komplex von endlicher flacher (projektiver, injektiver) Dimension bezeichnet, abgekürzt $\text{fd } X^\cdot < \infty$ ($\text{pd } X^\cdot < \infty$, $\text{id } X^\cdot < \infty$) .

Die Funktoren $\Gamma_{\mathfrak{a}}(\square)$, $\text{Hom}(\square,\square)$ und $\square \otimes \square$ besitzen in der Kategorie $D(A)$ abgeleitete Funktoren

$$\underline{R}\Gamma_{\mathfrak{a}}(\square) \text{ , } \underline{R}\text{ Hom}(\square,\square) \text{ und } \square \overset{\underline{L}}{\otimes} \square \text{ ,}$$

für die Definition verweisen wir auf |24, chapter I, § 6|. Falls $X^\cdot \in D^b(A)$ (bzw. $X^\cdot \in D^+(A)$) ein Komplex flacher (bzw. injektiver) A-Moduln ist, kann man $X^\cdot \otimes \square$ (bzw. $\Gamma_{\mathfrak{a}}(X^\cdot)$) in $D(A)$ anstelle von $X^\cdot \overset{\underline{L}}{\otimes} \square$ (bzw. $\underline{R}\Gamma_{\mathfrak{a}}(X^\cdot)$) schreiben, vergleiche |24, chapter I, § 6|. Entsprechend gilt $\underline{R}\text{ Hom}(X^\cdot,Y^\cdot) \xrightarrow{\sim} \text{Hom}(X^\cdot,Y^\cdot)$ in $D(A)$, falls $X^\cdot$ aus projektiven Moduln besteht und $X^\cdot \in D^b(A)$ oder $Y^\cdot \in D^+(A)$ bzw. falls $Y^\cdot$ aus injektiven Moduln besteht und $X^\cdot \in D^-(A)$ oder $Y^\cdot \in D^b(A)$.

<u>Lemma 1.3.1.</u> Es gibt in $D(A)$ folgende natürliche Isomorphismen, die $\underline{R}\text{ Hom}$ und $\overset{\underline{L}}{\otimes}$ miteinander verbinden:

(a) $X^\cdot \overset{\underline{L}}{\otimes} (Y^\cdot \overset{\underline{L}}{\otimes} Z^\cdot) \xrightarrow{\sim} (X^\cdot \overset{\underline{L}}{\otimes} Y^\cdot) \overset{\underline{L}}{\otimes} Z^\cdot$ für $X^\cdot,Y^\cdot,Z^\cdot \in D^-(A)$.

(b) $\underline{R}\text{ Hom}(X^\cdot \overset{\underline{L}}{\otimes} Y^\cdot,Z^\cdot) \xrightarrow{\sim} \underline{R}\text{ Hom}(X^\cdot,\underline{R}\text{ Hom}(Y^\cdot,Z^\cdot))$ für $X^\cdot,Y^\cdot \in D^-(A)$

und $Z^{\cdot} \in D^{+}(A)$.

(c) $\underline{R}\,\mathrm{Hom}(X^{\cdot},Y^{\cdot}) \overset{L}{\otimes} Z^{\cdot} \xrightarrow{\sim} \underline{R}\,\mathrm{Hom}(X^{\cdot},Y^{\cdot} \overset{L}{\otimes} Z^{\cdot})$ für $X^{\cdot} \in D_c^{-}(A)$ und $Y^{\cdot},Z^{\cdot} \in D^{b}(A)$, vorausgesetzt $\mathrm{fd}\, Z^{\cdot} < \infty$ oder $\mathrm{pd}\, X^{\cdot} < \infty$.

(d) $X^{\cdot} \overset{L}{\otimes} \underline{R}\,\mathrm{Hom}(Y^{\cdot},Z^{\cdot}) \xrightarrow{\sim} \underline{R}\,\mathrm{Hom}(\underline{R}\,\mathrm{Hom}(X^{\cdot},Y^{\cdot}),Z^{\cdot})$ für $X^{\cdot} \in D_c^{-}(A)$ und $Y^{\cdot},Z^{\cdot} \in D^{b}(A)$, vorausgesetzt $\mathrm{id}\, Z^{\cdot} < \infty$ oder $\mathrm{pd}\, X^{\cdot} < \infty$.

(e) $\underline{R}\,\mathrm{Hom}(X^{\cdot} \otimes A_{p}, Y^{\cdot} \otimes A_{p}) \xrightarrow{\sim} \underline{R}\,\mathrm{Hom}(X^{\cdot},Y^{\cdot}) \otimes A_{p}$ für $X^{\cdot} \in D_c^{-}(A)$, $Y^{\cdot} \in D^{+}(A)$ und alle $p \in \mathrm{Spec}\, A$.

Die Beweise dieser Standardisomorphismen kann man in |24| nachlesen. Sie ergeben sich auch leicht aus den entsprechenden Beziehungen für Moduln, wenn man diese auf Komplexe überträgt, vergleiche hierzu |16|.

<u>Definition und Satz 1.3.2.</u> Es Komplex $D^{\cdot} \in D_c^{+}(A)$ mit $\mathrm{id}\, D^{\cdot} < \infty$ heisst dualisierender Komplex, wenn er eine der folgenden äquivalenten Bedingungen erfüllt:

(i) Die kanonische Abbildung $M^{\cdot} \longrightarrow \underline{R}\,\mathrm{Hom}(\underline{R}\,\mathrm{Hom}(M^{\cdot},D^{\cdot}),D^{\cdot})$ ist für alle $M^{\cdot} \in D_c^{-}(A)$ ein Isomorphismus in $D(A)$.

(ii) Es gibt in $D(A)$ einen kanonischen Isomorphismus $\underline{R}\,\mathrm{Hom}(D^{\cdot},D^{\cdot}) \xrightarrow{\sim} A$.

(iii) Für eine ganze Zahl r gilt $\underline{R}\,\mathrm{Hom}(k,D^{\cdot}) \xrightarrow{\sim} k[r]$ in $D(A)$.

Den Beweis von 1.3.2 findet man wiederum in |24|. Falls die ganze Zahl r in 1.3.2 gleich Null ist, sagen wir, dass $D^{\cdot}$ ein normalisierter dualisierender Komplex ist. Durch Verschieben kann $D^{\cdot}$ stets normalisiert werden, was im folgenden immer vorausgesetzt wird. Wegen des Vorhergehenden kann $D^{\cdot}$ in $D(A)$ durch einen Komplex injektiver Moduln ersetzt werden, was wir stillschweigend tun, wenn wir von einem dualisierenden Komplex sprechen.

Lemma 1.3.3. Sei $D^\cdot \in D_c^b(A)$ ein dualisierender Komplex für A, dann besitzt A_p für alle $p \in \operatorname{Spec} A$ einen (normalisierten) dualisierenden Komplex $D^\cdot_{A_p}$, und es gilt

$$D^\cdot \otimes_A A_p \xrightarrow{\sim} D^\cdot_{A_p}[+\dim A/p] \quad \text{in} \quad D(A) .$$

Für den einfachen Beweis verweisen wir auf |24, V, Proposition 7.1| oder |65|. Aufgrund der Matlisschen Strukturtheorie injektiver Moduln nach |39| ergibt sich damit aus 1.3.2 leicht:

Ein Komplex $D^\cdot$ ist dann und nur dann ein (normalisierter) dualisierender Komplex, wenn für jede ganze Zahl i gilt:

a) $$D^i \cong \bigoplus_{p \in \operatorname{Spec} A,\ \dim A/p = -i} E(A/p) ,$$

wobei $E(A/p)$ die injektive Hülle von A/p bezeichnet, und

b) die Kohomologie $H^i(D^\cdot)$ ist ein endlich erzeugter A-Modul. Im folgenden wollen wir den dualisierenden Komplex $D^\cdot$ immer als von dieser Form annehmen.

Ein dualisierender Komplex existiert insbesondere dann, wenn A Faktorring eines Gorenstein-Ringes ist. Wegen des Cohen-Struktursatzes hat somit jeder komplette lokale Ring einen dualisierenden Komplex. Falls der dualisierende Komplex existiert, ist er bis auf Isomorphie und Verschiebung eindeutig bestimmt, vergleiche hierzu und für weitere Ergebnisse |24| und |64|.

Lokale Dualität 1.3.4. Sei $D^\cdot$ ein dualisierender Komplex für A und $M^\cdot \in D_c^+(A)$, dann gibt es einen natürlichen Isomorphismus in $D(A)$

$$\underline{R}\,\Gamma_m(M^\cdot) \xrightarrow{\sim} \operatorname{Hom}(\underline{R}\operatorname{Hom}(M^\cdot, D^\cdot), E) ,$$

wobei E die injektive Hülle des Restklassenkörpers k bezeichnet.

Die Aussage 1.3.4 wurde von R. Hartshorne in |24, V, Theorem 6.2| bewiesen. Wir werden in 2.1 für jeden lokalen Ring A einen Komplex injektiver A-Moduln $I^{\cdot}$ konstruieren, der in 1.3.4 die Funktion des dualisierenden Komplexes übernimmt. Der Vollständigkeit wegen schliessen wir einen einfachen Beweis von 1.3.4 an, der von H.-B. Foxby |16| angegeben wurde.

Beweis von 1.3.4. Für einen nach oben begrenzten Komplex $F^{\cdot}$ endlich erzeugter freier A-Moduln und einen nach unten begrenzten Komplex $E^{\cdot}$ injektiver A-Moduln besteht folgender Isomorphismus von Komplexen

$$\Gamma_{m}(\mathrm{Hom}^{\cdot}(F^{\cdot},E^{\cdot})) \cong \mathrm{Hom}^{\cdot}(F^{\cdot},\Gamma_{m}(E^{\cdot})) .$$

Dabei bezeichnet $\mathrm{Hom}^{\cdot}(F^{\cdot},E^{\cdot})$ den zu dem Doppelkomplex $\mathrm{Hom}^{\cdot}(F^{\cdot},E^{\cdot})$ gehörenden Einzelkomplex. Wir wählen für $N^{\cdot} \in D_c^{-}(A)$ einen in $D(A)$ zu $N^{\cdot}$ isomorphen Komplex $F^{\cdot}$ endlich erzeugter freier A-Moduln, dann erhalten wir in $D(A)$ einen Isomorphismus

$$\mathrm{Hom}^{\cdot}(N^{\cdot},E^{\cdot}) \xrightarrow{\sim} \mathrm{Hom}^{\cdot}(F^{\cdot},E^{\cdot}) .$$

Der letztgenannte Komplex besteht aus injektiven A-Moduln, folglich gilt in $D(A)$ der Isomorphismus

$$\underline{R}\Gamma_{m}(\mathrm{Hom}^{\cdot}(F^{\cdot},E^{\cdot})) \xrightarrow{\sim} \Gamma_{m}(\mathrm{Hom}^{\cdot}(F^{\cdot},E^{\cdot})) .$$

Ferner induziert der Isomorphismus $F^{\cdot} \xrightarrow{\sim} N^{\cdot}$ in $D(A)$ einen Isomorphismus

$$\mathrm{Hom}^{\cdot}(N^{\cdot},\Gamma_{m}(E^{\cdot})) \xrightarrow{\sim} \mathrm{Hom}^{\cdot}(F^{\cdot},\Gamma_{m}(E^{\cdot})) .$$

Hierbei wird benutzt, dass $\Gamma_{m}(E^{\cdot})$ ein Komplex injektiver A-Moduln ist. Insgesamt erhalten wir in $D(A)$ den kanonischen Isomorphismus

$$\underline{R}\Gamma_{m}(\underline{R}\,\mathrm{Hom}(N^{\cdot},D^{\cdot})) \xrightarrow{\sim} \mathrm{Hom}^{\cdot}(N^{\cdot},\Gamma_{m}(E^{\cdot})) .$$

Für den normalisierten dualisierenden Komplex $D^{\cdot}$ gilt $\Gamma_{m}(D^{\cdot}) \cong E$, also ist

$$\underline{R}\Gamma_{m} (\underline{R} \operatorname{Hom}(N^{\cdot},D^{\cdot})) \xrightarrow{\sim} \operatorname{Hom}(N^{\cdot},E)$$

in $D(A)$. Sei $M^{\cdot} \in D_c^{+}(A)$, dann setzen wir

$$N^{\cdot} := \underline{R} \operatorname{Hom}(M^{\cdot},D^{\cdot}) ,$$

und 1.3.2 (i) ergibt die Behauptung. □

Wegen des häufigen, oft stillschweigenden Benutzens formulieren wir noch die bekannten Verschwindungssätze für die lokalen Kohomologiemoduln H_m^i . Für die Beweise verweisen wir auf |20| oder |21|.

<u>Lemma 1.3.5.</u> Sei $M \neq 0$ ein endlich erzeugter A-Modul, dann gilt

$$\operatorname{depth} M = \min\{i \in Z \mid H_m^i (M) \neq 0\} \quad \text{und}$$

$$\dim M \quad = \max\{i \in Z \mid H_m^i (M) \neq 0\} .$$

Im Abschnitt 3.2 werden wir Verschwindungssätze von H_m^i beweisen, die die dazwischenliegenden Kohomologiemoduln betreffen, d.h. für $\operatorname{depth} M < i < \dim M$.

2. Bemerkungen zur Theorie dualisierender Komplexe

Wir beginnen diesen Abschnitt mit der Konstruktion eines Komplexes $I^{\cdot}$ injektiver A-Moduln, der für einen noetherschen lokalen Ring A die Funktion des dualisierenden Komplexes übernimmt. Wir beweisen insbesondere in 2.1.2 für beliebige lokale Ringe A einen natürlichen Isomorphismus in D(A)

$$\underline{R}\Gamma_{m}(M^{\cdot}) \xrightarrow{\sim} \mathrm{Hom}(\mathrm{Hom}(M^{\cdot},I^{\cdot}),E)$$

für $M^{\cdot} \in D_c^+(A)$, der ein Analogon zur lokalen Dualität für Ringe mit dualisierendem Komplex darstellt. Der Komplex $I^{\cdot}$ unterscheidet sich von dem dualisierenden Komplex lediglich dadurch, dass die Kohomologiemoduln von $I^{\cdot}$ als $\hat{A}$-Moduln und nicht notwendig als A-Moduln endlich erzeugt sind. Es zeigt sich insbesondere, dass $I^{\cdot}$ für die Komplettierung $\hat{A}$ von A dualisierend ist. Das stellt eine Bereicherung der Dualitätstheorie dar, da es bekanntlich lokale noethersche Ringe gibt, die keinen dualisierenden Komplex besitzen, vergleiche hierzu 2.4.7.

Hiervon ausgehend erklären wir für einen Komplex $M^{\cdot} \in D_c^+(A)$ sogenannte kohomologische Annullatoren $\mathfrak{a}_i(M^{\cdot})$, das sind $\mathfrak{a}_i(M^{\cdot}) = \mathrm{Ann}_A H_m^i(M^{\cdot})$, für die wir für den Fall von endlich erzeugten A-Moduln M eine Reihe von Eigenschaften zum Teil unter den zusätzlichen Endlichkeitsvoraussetzungen der Existenz des dualisierenden Komplexes beweisen können. Darüber hinaus gestatten diese kohomologischen Annullatoren Aussagen zur lokalen Kohomologie von Komplexen von A-Moduln. Bemerkenswert hiervon ist 2.3.1, was eine Verschärfung des "lemme d'acyclicité" von C. Peskine und L. Szpiro aus |49| darstellt, vergleiche 2.3.2. Beim Beweis weiterer Aussagen haben wir uns auf solche beschränkt, die wir nachfolgend benötigen.

Den Abschluss dieses Kapitels bildet eine Anwendung in der kommutativen Algebra. Wir betrachten den von M. Hochster in |27| und |28| eingeführten Begriff des liebenswerten Parametersystems. Für Ringe von Primzahlcharakteristik ist die Existenz derartiger Parametersysteme der entscheidende Schritt in M. Hochsters Konstruktion von grossen Cohen-Macaulay-Moduln. Wir geben in 2.4 eine weitgehende Charakterisierung der Liebenswürdigkeit, indem wir zeigen, dass in einem Ring mit dualisierendem Komplex jedes Parametersystem liebenswert ist, was nach M. Hochster nur für lokale Ringe bekannt ist, die modulendliche Erweiterung von ganz abgeschlossenen lokalen Cohen-Macaulay-Integritätsbereichen R_o sind, deren Quotientenkörper separabel über dem Quotientenkörper von R_o sind.

2.1. Lokale Dualität ohne dualisierenden Komplex

Sei $\underline{x} = \{x_1,\ldots,x_n\}$ ein System von Elementen des lokalen Ringes A mit Rad $\underline{x}A = m$, dann bezeichnen wir mit $K^\cdot(\underline{x}^t;A)$ den Koszul-Komplex des Ringes A bezüglich der Elemente $\underline{x}^t = \{x_1^t,\ldots,x_n^t\}$ für irgendeine positive ganze Zahl t, vergleiche zum Beispiel |3|, |40|, |68| oder |22, III$_1$ 1.1|. Mit den kanonischen Abbildungen der Komplexe

$$K^\cdot(\underline{x}^t;A) \longrightarrow K^\cdot(\underline{x}^s;A) \quad \text{für} \quad s \geq t$$

bildet $K^\cdot(\underline{x}^t;A)$ ein direktes System, dessen direkten Limes wir mit $K^\cdot = \varinjlim_t K^\cdot(\underline{x}^t;A)$ abkürzen. Dann gilt

$$K^m = 0 \qquad \text{für} \quad m < 0 \quad \text{und} \quad m > n \quad \text{und}$$

$$K^m \cong \bigoplus_{1 \leq i_1 < \ldots < i_m \leq n} A_{(x_{i_1} \ldots x_{i_m})} \qquad \text{für} \quad 0 \leq m \leq n .$$

Hierbei bezeichnet A_x die Lokalisierung $S^{-1}A$ bezüglich der multiplikativ abgeschlossenen Menge $S = \{x^r | r \geq 0\}$. Insbesondere bemerken wir $K^0 \cong A$. Schliesslich definieren wir $I^\cdot = \mathrm{Hom}_A(K^\cdot, E)$, wobei E die injektive Hülle des Restklassenkörpers bezeichnet. E besitzt in natürlicher Weise $\hat{A}$-Modul-Struktur, so dass man einen kanonischen $\hat{A}$-Isomorphismus von Komplexen

$$\mathrm{Hom}_A(K^\cdot, E) \xrightarrow{\sim} \mathrm{Hom}_A(K^\cdot \otimes_A \hat{A}, E)$$

erhält. Für die Kohomologie von $K^\cdot$ gilt wegen |20| oder |21|

$$H^m(K^\cdot) \cong \varinjlim_t H^m(\underline{x}^t; A) \cong H^m_{\mathfrak{m}}(A) .$$

Da die lokalen Kohomologiemoduln beispielsweise nach |63, 2.1| artinsch sind, erhält man wegen der Matlis-Dualität $I^\cdot \in D^b_c(\hat{A})$, aufgefasst als Komplex von $\hat{A}$-Moduln. Der Komplex $K^\cdot$ ist ein Komplex flacher A-Moduln, so dass $I^\cdot$ ein Komplex injektiver A-Moduln (bzw. $\hat{A}$-Moduln) ist.

<u>Lemma 2.1.1.</u> Der Komplex $I^\cdot$ hat folgende Eigenschaften: $\underline{R}\,\mathrm{Hom}(k, I^\cdot) \xrightarrow{\sim} k$ und $\underline{R}\Gamma_{\mathfrak{m}}(I^\cdot) \xrightarrow{\sim} E$.

Beweis. Nach Definition von $I^\cdot$ und wegen 1.3.1 gilt

$$\mathrm{Hom}(k, I^\cdot) \xrightarrow{\sim} \mathrm{Hom}(k \otimes K^\cdot, E) .$$

Wegen $\mathrm{Supp}\, k = \{\mathfrak{m}\}$ und der oben angegebenen Struktur der K^m erhält man $k \otimes K^\cdot \xrightarrow{\sim} k$ und somit die erste Behauptung. Zum Beweis der zweiten Aussage bemerken wir zuerst, dass $\Gamma_{\mathfrak{m}}(I^\cdot) \xrightarrow{\sim} \underline{R}\Gamma_{\mathfrak{m}}(I^\cdot)$ gilt, da $I^\cdot$ ein Komplex injektiver A-Moduln ist. Nun gilt nach Definition

$$\Gamma_{\mathfrak{m}}(\mathfrak{a}) \xrightarrow{\sim} \varinjlim_t \mathrm{Hom}_A(A/\mathfrak{m}^t, \mathfrak{a}) ,$$

woraus wegen 1.3.1 $\Gamma_{\mathfrak{m}}(I^\cdot) \xrightarrow{\sim} \varinjlim_t \mathrm{Hom}(A/\mathfrak{m}^t \otimes K^\cdot, E)$ folgt. Wie zuvor gilt nun $A/m^t \otimes K^\cdot \xrightarrow{\sim} A/m^t$, woraus sich mit $E \cong \varinjlim_t \mathrm{Hom}(A/m^t,E)$ die zweite Behauptung ergibt. □

Sei M ein A- Modul, dann gibt es einen natürlichen Homomorphismus

$$\Gamma_m(M) \longrightarrow \mathrm{Hom}(\mathrm{Hom}(M,I^\cdot),\ \Gamma_m(I^\cdot)) \ .$$

Dieser Homomorphismus induziert einen Morphismus von Funktoren in $D^+(A)$

$$\underline{R}\Gamma_m(M^\cdot) \longrightarrow \underline{R}\ \mathrm{Hom}(\underline{R}\ \mathrm{Hom}(M^\cdot,I^\cdot),\ \underline{R}\Gamma_m(I^\cdot)) \ .$$

Nach 2.2.1 gilt $\underline{R}\Gamma_m(I^\cdot) \xrightarrow{\sim} E$, so dass wir folgenden natürlichen Morphismus von Funktoren erhalten

$$f : \underline{R}\Gamma_m(M^\cdot) \longrightarrow \mathrm{Hom}(\mathrm{Hom}(M^\cdot,I^\cdot),E) \ .$$

<u>Satz 2.1.2.</u> Sei $M^\cdot \in D_c^+(A)$, dann ist der natürliche Morphismus f in D(A) ein Isomorphismus, d.h.

$$\underline{R}\Gamma_m(M^\cdot) \xrightarrow{\sim} \mathrm{Hom}(\mathrm{Hom}(M^\cdot,I^\cdot),E) \ .$$

Beweis. Der Morphismus f induziert natürliche Abbildungen der Kohomologie beider Komplexe insbesondere für einen endlich erzeugten A-Modul M

$$f^i : H_m^i(M) \longrightarrow \mathrm{Hom}(H^{-i}(\mathrm{Hom}(M,I^\cdot),E)$$

für alle $i \in \mathbb{Z}$. Nach dem Lemma über "way out"-Funktoren aus |24, I, Proposition 7.1| ist die Behauptung von 2.1.2 dazu äquivalent, dass die induzierten Homomorphismen f^i für alle $i \in \mathbb{Z}$ Isomorphismen sind.

Wir zeigen nun, dass f^i für alle i Isomorphismen sind. Für M = k trifft das trivialerweise zu. Darüber hinaus ist $H_m^i(M)$ für alle endlich erzeugten A-Moduln M ein Modul, dessen Träger in $\{m\}$ enthalten ist. Wie oben bemerkt, gibt es einen $\hat{A}$-Isomorphismus $Hom_A(M \otimes_A \hat{A}, I^\cdot) \xrightarrow{\sim} Hom_A(M, I^\cdot)$. Wegen $I^\cdot \in D_c^b(\hat{A})$ folgt damit $Hom_A(M, I^\cdot) \in D_c^b(\hat{A})$, aufgefasst als $\hat{A}$-Moduln. Mit Hilfe der Matlis-Dualität folgt somit, dass der Träger des Moduls $Hom(H^{-i}(Hom(M,I^\cdot)),E)$ in $\{m\}$ enthalten ist. Die Behauptung ergibt sich damit aus |24, V, Lemma 6.4|. □

<u>Korollar 2.1.3.</u> Es gilt $Hom(I^\cdot, I^\cdot) \xrightarrow{\sim} A$.

Beweis. Wegen $Hom(I^\cdot, I^\cdot) \xrightarrow{\sim} Hom_{\hat{A}}(I^\cdot, I^\cdot)$ können wir ohne Beschränkung an Allgemeinheit A als komplett voraussetzen. Nach 2.1.1 gilt $\underline{R}\Gamma_m(I^\cdot) \xrightarrow{\sim} E$, woraus sich mit Hilfe des Satzes 2.1.2

$$E \xrightarrow{\sim} Hom(Hom(I^\cdot, I^\cdot), E)$$

ergibt. Die Behauptung des Korollars erhält man daraus mit der Matlis-Dualität. □

Aus 2.1.3 ergibt sich mit Hilfe von 1.3.2, dass $I^\cdot$ aufgefasst als Komplex von $\hat{A}$-Moduln ein dualisierender Komplex für $\hat{A}$ ist. Das ist insofern bemerkenswert, da wir ohne Benutzung des Cohen-Struktursatzes für komplette lokale Ringe die Existenz des dualisierenden Komplexes für A bewiesen haben.

<u>Satz 2.1.4.</u> Sei $M^\cdot \in D^-(A)$, dann gibt es einen natürlichen Morphismus von Funktoren

$$M^\cdot \otimes \hat{A} \longrightarrow Hom(Hom(M^\cdot, I^\cdot), I^\cdot) ,$$

der für $M^\cdot \in D_c^-(A)$ ein Isomorphismus in $D(A)$ ist.

Beweis. Es gibt einen natürlichen Morphismus von Funktoren

$$M^{\cdot} \otimes \mathrm{Hom}(I^{\cdot},I^{\cdot}) \longrightarrow \mathrm{Hom}(\mathrm{Hom}(M^{\cdot},I^{\cdot}),I^{\cdot}) ,$$

der für $M^{\cdot} \in D_c^-(A)$ wegen 1.3.1 ein Isomorphismus in $D(A)$ ist. Die Behauptung des Satzes folgt dann aus 2.1.3. □

<u>Anmerkung 2.1.5.</u> Den Beweis des lokalen Dualitätssatzes 2.1.2 kann man auch davon ausgehend führen, dass $I^{\cdot}$ ein dualisierender Komplex für die Komplettierung $\hat{A}$ von A ist. Wegen damit verbundener Endlichkeitsaussagen kann ein solcher Beweis ohne "way out"-Lemma gezeigt werden. Wir haben uns für den technisch etwas aufwendigeren Beweisgang entschieden, da er gänzlich ohne die Benutzung dualisierender Komplexe auskommt.

Der Satz 2.1.2 stellt die Verallgemeinerung der lokalen Dualität auf beliebige lokale Ringe dar. Der Komplex $I^{\cdot}$ übernimmt dabei die Rolle des dualisierenden Komplexes. Eine entsprechende Bemerkung trifft ebenfalls auf 2.1.4 zu.

Wir wollen diesen Abschnitt beschliessen mit dem Nachweis der bislang nicht ausdrücklich betonten Unabhängigkeit des Komplexes $I^{\cdot}$ von dem zugrunde liegenden System von Elementen $\underline{x} = \{x_1,\ldots,x_n\}$ mit $\mathrm{Rad}\ \underline{x}\ A = \{m\}$.

<u>Satz 2.1.6.</u> Sei $M^{\cdot} \in D_c^b(A)$, dann gibt es einen funktoriellen Isomorphismus von Komplexen

$$M^{\cdot} \otimes_A K^{\cdot} \xrightarrow{\sim} \underline{R}\Gamma_m(M^{\cdot}) ,$$

wobei $K^{\cdot}$ den zu Beginn des Abschnitts konstruierten Komplex flacher A-Moduln bezeichnet.

Beweis. Man hat den funktoriellen Morphismus von Komplexen

$$M^{\bullet} \otimes \mathrm{Hom}(I^{\bullet},E) \longrightarrow \mathrm{Hom}(\mathrm{Hom}(M^{\bullet},I^{\bullet}),E) ,$$

der für $M^{\bullet} \in D_c^-(A)$ wegen 1.3.1 ein Isomorphismus in $D(A)$ ist. Nun gilt nach Definition von $I^{\bullet}$

$$\mathrm{Hom}(I^{\bullet},E) \longrightarrow \mathrm{Hom}(\mathrm{Hom}(K^{\bullet},E),E) .$$

Da $K^{\bullet}$ ein Komplex ist, dessen Kohomologie artinsche A-Moduln sind, induziert die kanonische Abbildung

$$K^{\bullet} \longrightarrow \mathrm{Hom}(\mathrm{Hom}(K^{\bullet},E),E)$$

in $D(A)$ einen Isomorphismus. Die Aussage des Satzes ergibt sich dann mit Hilfe von 2.1.2. □

Als Anwendung erhalten wir aus 2.1.6 für den Spezialfall $M^{\bullet} = A$ den Isomorphismus $K^{\bullet} \xrightarrow{\sim} \underline{R}\Gamma_m(A)$ in $D(A)$, d.h. der abgeleitete Funktor der globalen Schnitte mit Träger in $\{m\}$ angewendet auf A ist in $D(A)$ isomorph zu einem Komplex flacher A-Moduln. Mit

$$I^{\bullet} \xrightarrow{\sim} \mathrm{Hom}(K^{\bullet},E) \xrightarrow{\sim} \mathrm{Hom}(\underline{R}\Gamma_m(A),E)$$

erhalten wir schliesslich auch die behauptete Unabhängigkeit von $I^{\bullet}$ vom Elementesystem $\underline{x} = \{x_1,\dots,x_n\}$ mit $\mathrm{Rad}\ \underline{x}A = m$.

2.2. Die kohomologischen Annullatoren

Im folgenden bezeichne M einen endlich erzeugten A-Modul. Wenn wir für den lokalen Ring A die Existenz des dualisierenden Komplexes voraussetzen, bezeichnen wir ihn mit $D^{\bullet}$.

Definition 2.2.1. Wir bezeichnen für $i \in \mathbb{Z}$

$$a_i(M) = \mathrm{Ann}_A\, H^i_m(M)$$

als i-ten kohomologischen Annullator des A-Moduls M . Für $a_i(A)$ schreiben wir auch kurz a_i .

Wegen der bekannten Verschwindungssätze für die lokalen Kohomologiemoduln $H^i_m(M)$ für $i < \mathrm{depth}\, M$ und $i > \dim M$ gilt $a_i(M) = A$ für $i < \mathrm{depth}\, M$ und $i > \dim M$, vergleiche 1.3.5.

<u>Lemma 2.2.2.</u> Es ist für alle $i \in \mathbb{Z}$

$$a_i(M) = \mathrm{Ann}_A\, H^{-i}(\mathrm{Hom}(M,I^\cdot)) \ .$$

Falls A darüber hinaus einen dualisierenden Komplex $D^\cdot$ besitzt, gilt $a_i(M) = \mathrm{Ann}_A\, H^{-i}(\mathrm{Hom}(M,D^\cdot))$. □

Beweis. Da der Funktor $\mathrm{Hom}(\square,E)$ die Annullatoren erhält, folgt die erste Aussage aus 2.1.2. Die zweite Behauptung ergibt sich mit demselben Argument aus 1.3.4.

Im Anschluss hieran wollen wir einige Eigenschaften von $a_i(M)$ unter der Voraussetzung der Existenz des dualisierenden Komplexes $D^\cdot$ für A beweisen.

<u>Lemma 2.2.3.</u> Wir setzen für A die Existenz des dualisierenden Komplexes $D^\cdot$ voraus. Dann gilt für ein Primideal $p \in \mathrm{Spec}\, A$ und eine ganze Zahl i :

(a) $(H^i(\mathrm{Hom}(M^\cdot,D^\cdot)))_p \cong H^{i+\dim A/p}(\mathrm{Hom}(M^\cdot \otimes A_p, D^\cdot_p))$ für $M^\cdot \in D^-_c(A)$, wobei $D^\cdot_p$ den dualisierenden Komplex von A_p bezeichnet, und

(b) $a_i(M)\, A_p = a_{i-\dim A/p}(M_p)$ für einen endlich erzeugten A-Modul M .

Beweis. Da $D^\bullet \in D_c^b(A)$ und M ein endlich erzeugter A-Modul ist, erhalten wir $\mathrm{Hom}(M,D^\bullet) \in D_c^b(A)$. Damit sind insbesondere die Kohomologiemoduln des Komplexes $\mathrm{Hom}(M,D^\bullet)$ endlich erzeugt. Da für endlich erzeugte A-Moduln T gilt

$$\mathrm{Ann}_{A_p} T_p \cong (\mathrm{Ann}_A T)_p \qquad \text{für } p \in \mathrm{Spec}\, A ,$$

folgt die Behauptung (b) mit Hilfe von 2.2.2 aus (a).

Zum Beweis von (a) bemerken wir mit 1.3.1

$$\mathrm{Hom}(M^\bullet,D^\bullet)_p \xrightarrow{\sim} \mathrm{Hom}(M^\bullet \otimes_A A_p, D^\bullet \otimes_A A_p) .$$

Nach 1.3.3 benutzen wir $D^\bullet \otimes_A A_p \xrightarrow{\sim} D_p^\bullet[+ \dim A/p]$ und erhalten

$$\mathrm{Hom}(M^\bullet,D^\bullet)_p \xrightarrow{\sim} \mathrm{Hom}(M^\bullet \otimes_A A_p, D_p^\bullet)\ [+ \dim A/p] .$$

Da Lokalisieren ein exakter Funktor ist, folgt hieraus unmittelbar die Behauptung (a). □

<u>Korollar 2.2.4.</u> Seien A und $D^\bullet$ wie in 2.2.3, dann gilt:

(a) $\dim A/a_i(M) \leq i$ für einen endlich erzeugten A-Modul M und $i = 0,1,\ldots,\dim M$.

(b) Sei $M^\bullet \in D_c^+(A)$, dann folgt aus

$$H^i_{pA_p}(M^\bullet \otimes_A A_p) \neq 0 \quad \text{auch} \quad H_m^{i+\dim A/p}(M^\bullet) \neq 0 .$$

Beweis. Wir zeigen zuerst (a). Wegen 2.2.2 gilt $a_i(M) = \mathrm{Ann}\, \mathrm{Hom}(M,D^\bullet)$. Sei $p \in \mathrm{Ass}\, A/a_i(M)$ mit $\dim A/p > i$ gegeben, dann erhalten wir $p \in \mathrm{Supp}\, H^{-i}(\mathrm{Hom}(M,D^\bullet))$. Wegen 2.2.3 folgt hieraus

$$H^{-i+\dim A/p}(\mathrm{Hom}(M,D^\bullet))_p \neq 0 , \text{ d.h. } H^{i-\dim A/p}_{pA_p}(M) \neq 0$$

mit Hilfe der lokalen Dualität, was wegen $i < \dim A/p$ den Widerspruch ergibt. Die zweite Behauptung ist wegen der lokalen Dualität eine unmittelbare Konsequenz aus 2.2.3. □

Zu 2.2.4 (a) verwandte Aussagen findet man in |20, Proposition 6.4|, |54| und |58|.

Wenn Z eine Teilmenge von $\operatorname{Spec} A$ ist, bezeichnen wir mit Z_i diejenige Teilmenge von Z, die aus allen i-dimensionalen Primidealen von Z besteht. Die vorangehenden Ueberlegungen geben uns die Möglichkeit der kohomologischen Beschreibung der assoziierten Primideale eines endlich erzeugten A-Moduls M.

<u>Satz 2.2.5.</u> Für einen endlich erzeugten A-Modul M haben wir für $i = 0,1,\dots,\dim M$

$$(\operatorname{Ass} H^{-i}(\operatorname{Hom}(M,D^\cdot)))_i = (\operatorname{Ass} A/\mathfrak{a}_i(M))_i = (\operatorname{Ass} M)_i .$$

Beweis. Den Beweis für $M = A$ aufgeschrieben findet man in |58|, der ohne wesentliche Abänderungen auch für den allgemeinen Fall zutrifft. Wir beschränken uns deshalb auf eine kurze Skizzierung. Zuerst bemerken wir

$$(\operatorname{Supp} H^{-i}(\operatorname{Hom}(M,D^\cdot)))_i = (\operatorname{Ass} H^{-i}(\operatorname{Hom}(M,D^\cdot)))_i =$$
$$= (\operatorname{Ass} A/\mathfrak{a}_i(M))_i ,$$

da $H^{-i}(\operatorname{Hom}(M,D^\cdot))$ endlich erzeugter A-Modul mit

$$\mathfrak{a}_i(M) = \operatorname{Ann} H^{-i}(\operatorname{Hom}(M,D^\cdot)) \quad \text{und} \quad \dim A/\mathfrak{a}_i(M) \leqq i$$

ist. Nun wählen wir

$$\mathfrak{p} \in \operatorname{Supp} H^{-i}(\operatorname{Hom}(M,D^\cdot)) \quad \text{mit} \quad \dim A/\mathfrak{p} = i ,$$

dann gilt $H^{O}(\mathrm{Hom}(M_p, D^{\cdot}_p)) \neq 0$. Mit Hilfe der lokalen Dualität bedeutet das gerade $H^{O}_{pA_p}(M_p) \neq 0$, und somit $pA_p \in \mathrm{Ass}\ M_p$ und $p \in (\mathrm{Ass}\ M)_i$. Es gilt daher

$$(\mathrm{Supp}\ H^{-i}(\mathrm{Hom}(M,D^{\cdot})))_i \subseteqq (\mathrm{Ass}\ M)_i \ ,$$

und die umgekehrte Inklusion wird entsprechend gezeigt. □

Der Satz 2.2.5 ist die Erweiterung von |20, Proposition 6.6 (5)|, was dort für den Fall $i = \dim M$ mit anderen Ueberlegungen gezeigt wurde.

Korollar 2.2.6. Für einen endlich erzeugten A-Modul $M \neq 0$ gilt $\dim A/a_n(M) = n$ für $n = \dim M$, d.h. $H^{n}_{m}(M) \neq 0$.

In Korollar 2.2.6 ist es nicht notwendig, die Existenz des dualisierenden Komplexes für A vorauszusetzen. Man beweist den allgemeinen Fall, indem man zur Komplettierung $\hat{A}$ übergeht. Andererseits bemerken wir, dass nicht sämtliche Aussagen dieses Abschnitts für Ringe gültig bleiben, die keinen dualisierenden Komplex besitzen. In 2.4 werden wir lokale Ringe betrachten, für die 2.2.4 (a) nicht zutrifft. Wir beweisen für diese zweidimensionalen Integritätsbereiche A die Aussage $a_1 = (0)$, d.h. $\dim A/a_1 = 2$.

2.3. Zur lokalen Kohomologie von Komplexen

In 2.2 haben wir die kohomologischen Annullatoren $a_i(M)$ für einen endlich erzeugten A-Modul M definiert. Analog erklären wir $a_i(M^{\cdot})$ für einen Komplex von A-Moduln $M^{\cdot}$, d.h. $a_i(M^{\cdot}) = \mathrm{Ann}_A\ H^{i}_{m}(M^{\cdot})$ für alle $i \in \mathbb{Z}$.

<u>Satz 2.3.1.</u> Sei $M^{\cdot} : 0 \longrightarrow M^{o} \longrightarrow \ldots \longrightarrow M^{s} \longrightarrow 0$ ein beidseitig begrenzter Komplex endlich erzeugter A-Moduln, dann gilt für $n = 0,1,\ldots,s$

$$a_{o}(M^{n})\ a_{1}(M^{n-1})\ \ldots\ a_{n}(M^{o}) \subseteq a_{n}(M^{\cdot}) \quad \text{und}$$

$$\operatorname{Ann} H^{o}(M^{\cdot})\ \ldots\ \operatorname{Ann} H^{n}(M^{\cdot}) \subseteq a_{n}(M^{\cdot}) \ .$$

Beweis. In Hinblick auf 2.1.6 haben wir in $D(A)$ den folgenden Isomorphismus

$$M^{\cdot} \otimes_{A} K^{\cdot} \xrightarrow{\sim} \underline{R}\Gamma_{m}(M^{\cdot}) \ ,$$

wobei $K^{\cdot}$ den eingangs 2.1 konstruierten Komplex flacher A-Moduln bezeichnet. Für die Kohomologiemoduln ergibt sich insbesondere

$$H^{n}(M^{\cdot} \otimes_{A} K^{\cdot}) \cong H^{n}_{m}(M^{\cdot}) \ , \quad n \in \mathbb{Z} \ .$$

Für die Kohomologie des Komplexes $M^{\cdot} \otimes_{A} K^{\cdot}$ gibt es bekanntlich zwei Spektralsequenzen, die beide gegen $H^{\cdot}(M^{\cdot} \otimes_{A} K^{\cdot})$ konvergieren. Die eine hat den E_{1}-Term

$$H^{i}(M^{\cdot} \otimes_{A} K^{k}) \cong H^{i}(M^{\cdot}) \otimes_{A} K^{k} \ ,$$

da K^{k} ein flacher A-Modul ist. Folglich wird $H^{i}(M^{\cdot}) \otimes_{A} K^{k}$ von $\operatorname{Ann} H^{i}(M^{\cdot})$ annulliert. Damit annulliert $\operatorname{Ann} H^{i}(M^{\cdot})$ auch alle (i,k)-Terme in jedem nachfolgenden Abschnitt der Spektralsequenz. Wir erhalten somit folgende Filtrierung von $H^{n}_{m}(M^{\cdot})$

$$H^{n}_{m}(M^{\cdot}) = F^{o} \supseteq F^{1} \supseteq \ldots \supseteq F^{n} \supseteq F^{n+1} = (0) \ ,$$

wobei F^{i}/F^{i+1} von $\operatorname{Ann} H^{i}(M^{\cdot})$ annulliert wird für alle $i = 0,1,\ldots,n$. Folglich annulliert

$$\operatorname{Ann} H^{o}(M^{\cdot})\ \ldots\ \operatorname{Ann} H^{n}(M^{\cdot})$$

den Kohomologiemodul $H^n_m(M^\cdot)$. Damit ist die zweite Behauptung gezeigt.

Für den Beweis der anderen Aussage benutzen wir die zweite Spektralsequenz mit dem E_1-Term

$$H^k(M^i \otimes_A K^\cdot) \cong H^k_m(M^i) ,$$

vergleiche hierzu 2.1.6. Dies bedeutet also, dass $a_k(M^i)$ den E_1-Term der zweiten Spektralsequenz annulliert. Mit denselben Ueberlegungen wie zuvor ergibt sich damit der Beweis der ersten Aussage. □

Wenn die Kohomologie des Komplexes $M^\cdot$ in 2.3.1 A-Moduln von endlicher Länge sind, erhält man sogar Informationen über $H^n(M^\cdot)$, da unter diesen zusätzlichen Voraussetzungen $H^n(M^\cdot) \cong H^n_m(M^\cdot)$ gilt. Das sieht man sofort, wenn man die lokale Hyperkohomologie $H^n_m(M^\cdot)$ mit Hilfe der Spektralsequenz mit dem E_2-Term $H^p_m(H^q(M^\cdot))$ berechnet.

Der Spezialfall von 2.3.1 für einen Komplex von endlich erzeugten freien A-Moduln $F^\cdot : 0 \longrightarrow F^o \longrightarrow \ldots \longrightarrow F^s \longrightarrow 0$, so dass $H^n(F^\cdot)$ A-Moduln von endlicher Länge sind, wurde unter der zusätzlichen Voraussetzung, dass A einen dualisierenden Komplex besitzt, von P. Roberts in |54, Theorem 1| mit ähnlichen Ueberlegungen gezeigt. Unter diesen zusätzlichen Voraussetzungen an den Komplex erhält man aus 2.3.1 gerade

$$a_o \ldots a_n \subseteq \operatorname{Ann} H^n(F^\cdot) ,$$

wobei $a_i = a_i(A)$ gesetzt wurde. An dieser Folgerung sieht man, dass 2.3.1 zum Beweis der Azyklizität von Komplexen benutzt werden kann, denn wenn $a_o = \ldots = a_n = A$ gilt, folgt $H^n(F^\cdot) = 0$. Diese Ueberlegungen kann man etwas weiterverfolgen und erhält das "lemme d'acyclicité" von C. Peskine und L. Szpiro aus |49, I, 1.8|.

<u>Korollar 2.3.2.</u> Sei $M^{\cdot} \in D_c^b(A)$ ein Komplex von A-Moduln wie in 2.3.1. Angenommen, es ist für jede ganze Zahl $0 \leq i < s$

(a) depth $M^i \geq s - i$ und

(b) depth $H^i(M^{\cdot}) = 0$ oder $H^i(M^{\cdot}) = 0$,

dann gilt $H^i(M^{\cdot}) = 0$ für alle $i < s$.

Beweis. Die Voraussetzung (a) ergibt

$$H_{m}^k(M^j) = 0 \quad \text{für alle} \quad k < s - j \quad \text{und} \quad j = 0,1,\dots,s-1 .$$

Aus 2.3.1 folgt somit wegen $a_i(M^{n-i}) = A$ für alle $i < s$ auch $H_{m}^n(M^{\cdot}) = 0$ für $n = 0,1,\dots,s-1$. Zur Berechnung von $H_{m}^n(M^{\cdot})$ betrachten wir die Spektralsequenz

$$E_2^{pq} = H_{m}^p(H^q(M^{\cdot})) \Longrightarrow E^n = H_{m}^n(M^{\cdot})$$

mit den nachfolgenden Abschnitten

$$E_r^{p-r,q+r-1} \longrightarrow E_r^{pq} \longrightarrow E_r^{p+r,q-r+1} .$$

Wir zeigen nun $H^i(M^{\cdot}) = 0$ für $i = 0,1,\dots,s-1$ mit Induktion nach i . Angenommen, es sei $H^0(M^{\cdot}) \neq 0$, dann ist $E_2^{00} \neq 0$ und somit $E_\infty^{00} \neq 0$. Das bedeutet aber wegen $H_{m}^0(M^{\cdot}) = 0$ einen Widerspruch. Sei also $H^j(M^{\cdot}) = 0$ für alle $j < i$. Angenommen $H^i(M^{\cdot}) \neq 0$. Dann ist

$$E_2^{0,i} = H_{m}^0(H^i(M^{\cdot})) \neq 0$$

wegen Voraussetzung (b). Mit der Voraussetzung (b) gilt

$$E_2^{r,i-r+1} = H_{m}^r(H^{i-r+1}(M^{\cdot})) = 0 .$$

Folglich schliessen wir $E_2^{0,i} = E_\infty^{0,i} \neq 0$, was wegen $H_{m}^i(M^{\cdot}) = 0$ wiederum einen Widerspruch bedeutet. □

Bei genauer Analyse des Beweises zeigt sich, dass für die Aussage von 2.3.2 ausreicht, die Voraussetzung (b) zu ersetzen durch:

$$\operatorname{depth} H^i(M^\cdot) \leq 1 \quad \text{oder} \quad H^i(M^\cdot) = 0 \text{ für } 0 \leq i < s-1 \quad \text{und}$$
$$\operatorname{depth} H^{s-1}(M^\cdot) = 0 \quad \text{oder} \quad H^{s-1}(M^\cdot) = 0 \;.$$

Der Beweis verläuft ganz analog, wobei man ausnutzt, dass die Spektralsequenz vom Typ E_2 ist. Es stellt sich die Frage, ob diese Abschwächung die bestmögliche ist, um $H^i(M^\cdot) = 0$ für $i < s$ zu erhalten. Auf die Forderung $\operatorname{depth} H^{s-1}(M^\cdot) = 0$ kann nicht verzichtet werden, wie man an einfachen Beispielen sieht.

Wir schliessen hier noch einige weitere Aussagen über die kohomologischen Annullatoren von Komplexen an, die auch Anwendungen über den Rahmen unserer Betrachtungen hinaus erwarten lassen.

Satz 2.3.3. Sei $M^\cdot \in D_c^b(A)$ wie in 2.3.1 und $N^\cdot \in D^b(A)$. Dann gelten für die kohomologischen Annullatoren folgende Aussagen

$$\mathfrak{a}_o(M^\cdot) \ldots \mathfrak{a}_n(M^\cdot) \subseteq \mathfrak{a}_n(M^\cdot \overset{L}{\otimes} N^\cdot) \quad \text{und}$$
$$\operatorname{Ann} H^o(M^\cdot) \ldots \operatorname{Ann} H^n(M^\cdot) \subseteq \mathfrak{a}_n(M^\cdot \overset{L}{\otimes} N^\cdot) \quad \text{für } n = 0,1,\ldots,s.$$

Beweis. In Hinblick auf 2.1.6 erhalten wir folgende Isomorphismen

$$H^n_{\mathfrak{m}}(M^\cdot \overset{L}{\otimes}_A N^\cdot) \cong H^n((M^\cdot \overset{L}{\otimes}_A N^\cdot) \otimes_A K^\cdot) \;, \qquad n \in \mathbb{Z} \;.$$

Wegen 1.3.1 gilt in $D(A)$

$$(M^\cdot \overset{L}{\otimes}_A N^\cdot) \otimes_A K^\cdot \xrightarrow{\sim} M^\cdot \overset{L}{\otimes}_A N^\cdot \otimes_A K^\cdot \;,$$

$K^\cdot$ ist ein Komplex flacher A-Moduln. Nun können wir nach 1.3 $N^\cdot$ in $D(A)$ durch einen Komplex $F^\cdot$ flacher A-Moduln ersetzen, d.h.

$$M^\cdot \overset{L}{\otimes}_A N^\cdot \otimes_A K^\cdot \xrightarrow{\sim} M^\cdot \otimes_A F^\cdot \otimes_A K^\cdot$$

in $D(A)$. Wir berechnen nun $H^n(M^\cdot \otimes_A F^\cdot \otimes_A K^\cdot)$, indem wir die zugehörige Spektralsequenz mit dem Anfangsterm

$$H^j((M^\cdot \otimes_A K^\cdot) \otimes_A F^k)$$

betrachten. Da F^k ein flacher A-Modul ist, gilt

$$H^j(M^\cdot \otimes_A K^\cdot) \otimes_A F^k) \cong H^j_{m}(M^\cdot) \otimes_A F^k$$

mit Rücksicht auf 2.1.6. Wie im Beweis von 2.3.1 kann daraus die erste Behauptung geschlossen werden. Ferner gibt es eine Spektralsequenz, die gegen $H^n(M^\cdot \overset{L}{\otimes}_A F^\cdot \otimes_A K^\cdot)$ konvergiert, mit dem Anfangsterm

$$H^k(M^\cdot \otimes_A (F^\cdot \otimes_A K^\cdot)^j) \cong H^k(M^\cdot) \otimes_A (F^\cdot \otimes_A K^\cdot)^j ,$$

da $(F^\cdot \otimes_A K^\cdot)^j$ ein flacher A-Modul ist. Damit ergibt sich der Beweis der zweiten Aussage des Satzes ebenfalls wie in 2.3.1. □

<u>Korollar 2.3.4.</u> Sei $M^\cdot \in D^b_c(A)$ wie in 2.3.1 und $N^\cdot \in D^b_c(A)$ ein Komplex von A-Moduln mit $\operatorname{pd} N^\cdot < \infty$, dann erhalten wir

$$\mathfrak{a}_o(M^\cdot) \ldots \mathfrak{a}_n(M^\cdot) \subseteq \mathfrak{a}_n(\underline{R}\operatorname{Hom}(N^\cdot,M^\cdot)) \quad \text{und}$$

$$\operatorname{Ann} H^o(M^\cdot)\ldots\operatorname{Ann} H^n(M^\cdot) \subseteq \mathfrak{a}_n(\underline{R}\operatorname{Hom}(N^\cdot,M^\cdot)) \quad \text{für} \quad n = 0,\ldots,s .$$

Beweis. Wegen 1.3.1 gilt in $D(A)$

$$\underline{R}\operatorname{Hom}(N^\cdot,A) \overset{L}{\otimes} M^\cdot \xrightarrow{\sim} \underline{R}\operatorname{Hom}(N^\cdot,M^\cdot) ,$$

wobei $\operatorname{pd} N^\cdot < \infty$ wesentlich eingeht. Die Behauptung des Korollars folgt dann aus Satz 2.3.3. □

Die beiden Aussagen 2.3.3 und 2.3.4 sollen als repräsentativ für Sätze dieses Typs gelten. Ohne Mühe kann man weitere Behauptungen aufstellen und beweisen, wenn man von entsprechenden funktoriellen Isomorphismen von Komplexen ausgeht.

2.4. Liebenswerte Parametersysteme

Bei der Konstruktion von grossen Cohen-Macaulay-Moduln für einen lokalen Ring führt M. Hochster in |30| und |31| den Begriff des liebenswerten Parametersystems ein. Die Existenz liebenswerter Parametersysteme ist der entscheidende Schritt bei der Konstruktion solcher grossen Cohen-Macaulay-Moduln für Ringe mit Primzahlcharakteristik. Zunächst übertragen wir die Definition von M. Hochster auf endlich erzeugte Moduln.

<u>Definition 2.4.1.</u> Wir nennen ein Parametersystem $\underline{x} = \{x_1,\ldots,x_d\}$ eines endlich erzeugten A-Moduls M mit $d = \dim M$ liebenswert, wenn es ein Element $c \notin \operatorname{Rad} \operatorname{Ann} M$ gibt, das die Moduln

$$(*) \qquad (x_1^t,\ldots,x_{k-1}^t)M : x_k^t/(x_1^t,\ldots,x_{k-1}^t)M$$

für $k = 1,2,\ldots,d$ und alle ganzen Zahlen $t \geq 1$ annulliert. Der A-Modul M heisst liebenswert, wenn es ein Element $c \notin \operatorname{Rad} \operatorname{Ann} M$ gibt, das jedes Parametersystem $\underline{x} = \{x_1,\ldots,x_d\}$ für M zu einem liebenswerten Parametersystem macht.

Die Definition suggeriert das Interesse für die Annullatoren der Moduln (*) . Im folgenden zeigt sich, dass diese Annullatoren mit unseren kohomologischen Annullatoren aus 2.2 eng verbunden sind.

<u>Satz 2.4.2.</u> Sei M ein endlich erzeugter A-Modul, dann annulliert das Ideal

$$\mathfrak{a}_0(M) \ldots \mathfrak{a}_{d-1}(M) \qquad (d = \dim M)$$

die Moduln

$$(x_1^t,\ldots,x_{k-1}^t)M : x_k^t/(x_1^t,\ldots,x_{k-1}^t)M , \quad \text{für alle } t \geq 1 ,$$

für irgendein Parametersystem $\underline{x} = \{x_1,\ldots,x_d\}$ und $k = 1,\ldots,d$.

Beweis. Sei $\underline{x} = \{x_1,\ldots,x_d\}$ wie zuvor irgendein Parametersystem für M und $\underline{x}' = \{x_1,\ldots,x_{d-1}\}$. Wir betrachten den Koszul-Komplex $K^\bullet(\underline{x};M)$ von $\underline{x}$ bezüglich M , das ist $K^\bullet(\underline{x};A) \otimes M$. Da $\underline{x}A$ und $\mathrm{Ann}\, M$ alle Kohomologiemoduln von $K^\bullet(\underline{x};M)$ annullieren, ergibt sich, dass die Kohomologiemoduln $H^i(K^\bullet(\underline{x};A) \otimes M)$ für $i = 0,1,\ldots,d$ Moduln von endlicher Länge sind. Mit einem mehrfach benutzten Argument folgt hieraus

$$H^i(K^\bullet(\underline{x};A) \otimes M) \cong H^i_{\mathfrak{m}}(K^\bullet(\underline{x};M)) \quad \text{für alle } i \in \mathbb{Z} .$$

Mit Hilfe unseres Satzes 2.3.1 schliessen wir damit

$$\mathfrak{a}_0(M) \ldots \mathfrak{a}_{d-1}(M)\, H^{d-1}(\underline{x};M) = 0 .$$

Nun kennen wir für die Kohomologie des Koszul-Komplexes $K^\bullet(\underline{x};M)$ folgende kurze exakte Sequenz

$$0 \longrightarrow H^{d-2}(\underline{x}';M)/x_d^t\, H^{d-2}(\underline{x}';M) \longrightarrow H^{d-1}(\underline{x}',x_d^t;M) \longrightarrow$$
$$\longrightarrow \underline{x}'M : x_d^t/\underline{x}'M \longrightarrow 0$$

für alle $t \geqq 1$. Folglich annulliert $\mathfrak{a}_0(M) \ldots \mathfrak{a}_{d-1}(M)$ auch den linken und den rechten Modul in der kurzen exakten Sequenz. Für $t = 1$ erhalten wir mit dem rechten Modul die Behauptung für $k = d$. Darüber hinaus haben wir

$$\mathfrak{a}_0(M) \ldots \mathfrak{a}_{d-1}(M)\, H^{d-2}(\underline{x}';M) \subseteq \bigcap_{t \geqq 1} x_d^t\, H^{d-2}(\underline{x}';M) = 0 ,$$

so dass $\mathfrak{a}_0(M) \ldots \mathfrak{a}_{d-1}(M)$ den Modul $H^{d-2}(\underline{x}';M)^\bullet$ für irgendein Parametersystem $\underline{x}$ für M annulliert. Indem wir jetzt $\underline{x},\underline{x}'$ und d durch $\underline{x},x'' = \{x_1,\ldots,x_{d-2}\}$ und $d - 1$ ersetzen, sehen wir, dass $\mathfrak{a}_0(M) \ldots \mathfrak{a}_{d-1}(M)$ die Moduln (*) für $k = d - 1$ und $H^{d-3}(\underline{x}'';M)$

annulliert, wobei von der entsprechenden kurzen exakten Sequenz der Kohomologie des Koszul-Komplexes Gebrauch gemacht wird. Wenn wir dieses Argument mehrfach wiederholen, erhalten wir schliesslich die Behauptung. □

Korollar 2.4.3. Sei A ein lokaler Ring, der einen dualisierenden Komplex $D^\bullet$ besitzt. Dann ist ein endlich erzeugter A-Modul M liebenswert.

Beweis. In Hinblick auf unseren Satz 2.4.2 genügt es zu zeigen, dass ein Element $c \in \mathfrak{a}_0(M) \ldots \mathfrak{a}_{d-1}(M)$ mit $c \notin \operatorname{Rad} \operatorname{Ann} M$ existiert. Unter der zusätzlichen Voraussetzung an A folgt aus 2.2.4 (a)

$$\dim A/\mathfrak{a}_0(M) \ldots \mathfrak{a}_{d-1}(M) \leq d - 1 .$$

Hieraus ergibt sich nach bekannten Sätzen der kommutativen Algebra die Existenz des geforderten Elementes. □

Bevor wir durch ein Beispiel belegen, dass 2.4.3 ohne zusätzliche Voraussetzung an den lokalen Ring A nicht gültig bleibt, wollen wir noch einige Aussagen über die Annullatoren der Moduln (*) beweisen.

Lemma 2.4.4. Sei M ein endlich erzeugter A-Modul, dann gilt für das Produkt der kohomologischen Annullatoren

$$(\operatorname{Ann} M)^{d+1} \subseteq \mathfrak{a}_0(M) \ldots \mathfrak{a}_d(M) \subseteq \operatorname{Ann} M$$

für $d = \dim M$.

Beweis. Sei $x = \{x_1,\ldots,x_d\}$ ein Parametersystem für M und bezeichne $K^\bullet(\underline{x}^t;M)$ den Koszul-Komplex von M bezüglich $\underline{x}^t = \{x_1^t,\ldots,x_d^t\}$ für irgendeine ganze Zahl $t \geq 1$. Dann erhält man wie im Beweis von 2.4.2

$$\mathfrak{a}_o(M) \ldots \mathfrak{a}_d(M)\ H^d(\underline{x}^t;M) = 0 .$$

Da $H^d(\underline{x}^t;M) \cong M/\underline{x}^t M$ gilt, schliessen wir

$$\mathfrak{a}_o(M) \ldots \mathfrak{a}_d(M) M \subseteq \bigcap_{t \geqq 1} \underline{x}^t M = 0 ,$$

woraus sich die zweite Inklusion ergibt. Die erste ist wegen $(\mathrm{Ann}\ M)\ H^i_{\mathfrak{m}}(M) = 0$ trivialerweise gültig. □

Im folgenden bezeichne $\mathfrak{r}(M)$ den Durchschnitt der Annullatoren von

$$(x_1,\ldots,x_{k-1})M : x_k/(x_1,\ldots,x_{k-1})M$$

für $k = 1,2,\ldots,d$ und für alle Parametersysteme $\underline{x} = \{x_1,\ldots,x_d\}$ für M .

<u>Satz 2.4.5.</u> Sei M endlich erzeugter A-Modul, dann gilt

$$\mathfrak{a}_o(M) \ldots \mathfrak{a}_{d-1}(M) \subseteq \mathfrak{r}(M) \subseteq \mathfrak{a}_o(M) \cap \ldots \cap \mathfrak{a}_{d-1}(M)$$

mit $d = \dim M$.

Beweis. Wegen 2.4.2 genügt es, sich von der zweiten Inklusion zu überzeugen. Hierfür wollen wir

$$\mathfrak{r}(M)\ H^i_{\mathfrak{m}}(M) = 0 \quad \text{für} \quad 0 \leqq i < d$$

mit einer Induktion nach d zeigen. Für $d = 1$ haben wir $H^o_{\mathfrak{m}}(M) = 0_M : \mathfrak{m}^t$ für $t >> 0$ und folglich

$$\mathfrak{r}(M)\ H^o_{\mathfrak{m}}(M) \subseteq \mathfrak{r}(M)\ (0_M : x_1^t) = 0$$

für jeden Parameter x_1 . Sei $d > 1$ und $M' = M/H^o_{\mathfrak{m}}(M)$, dann wählen wir einen Parameter x_1 , der M'-regulär ist. Für alle $t \geqq 1$ erhalten wir aus der kurzen exakten Sequenz

$$0 \longrightarrow M' \xrightarrow{x_1^t} M' \longrightarrow M'/x_1^t M' \longrightarrow 0$$

exakte Sequenzen

$$H_m^i(M'/x_1^t M') \longrightarrow H_m^{i+1}(M') \xrightarrow{x_1^t} H_m^{i+1}(M')$$

für $i \geqq 0$. Diese induzieren Epimorphismen

$$H_m^i(M'/x_1^t M') \longrightarrow\!\!\!> 0_{H_m^{i+1}(M')} : x_1^t$$

für $i \geqq 0$ und $t \geqq 1$. Da $\dim(H_m^o(M), x_1^t M)/x_1^t M = 0$, ergibt die exakte Sequenz

$$0 \longrightarrow (H_m^o(M), x_1^t M)/x_1^t M \longrightarrow M/x_1^t M \longrightarrow M'/x_1^t M' \longrightarrow 0$$

einen Epimorphismus $H_m^o(M/x_1^t M) \longrightarrow\!\!\!> H_m^o(M'/x_1^t M')$ und Isomorphismen $H_m^i(M/x_1^t M) \cong H_m^i(M'/x_1^t M')$ für $i \geqq 1$. Nun ist $\mathfrak{r}(M)$ enthalten in den Annullatoren von

$$(x_2,\ldots,x_{k-1})M/x_1^t M : x_k/(x_2,\ldots,x_{k-1})M/x_1^t M$$

für $k = 3,\ldots,d$ und von $0_{M/x_1^t M} : x_2$, wobei $x_2,\ldots,x_d$ irgendein Parametersystem für $M/x_1^t M$ ist. Wegen $\dim M/x_1^t M = \dim M - 1$ erhalten wir mit der Induktionsvoraussetzung für $i = 0,1,\ldots,d-2$

$$\mathfrak{r}(M)\ H_m^i(M/x_1^t M) = \mathfrak{r}(M)\ H_m^i(M'/x_1^t M') = 0 .$$

Mit den obigen Epimorphismen schliessen wir

$$\mathfrak{r}(M)\ H_m^{i+1}(M') = \mathfrak{r}(M) \bigcup_{t\geqq 1} (0_{H_m^{i+1}(M')} : x_1^t) =$$

$$= \bigcup_{t\geqq 1} \mathfrak{r}(M)\ (0_{H_m^{i+1}(M')} : x_1^t) = 0$$

für $i = 0,1,\ldots,d-2$. Da $\dim H^0_m(M) = 0$, erhalten wir aus der kurzen exakten Sequenz

$$0 \longrightarrow H^0_m(M) \longrightarrow M \longrightarrow M' \longrightarrow 0$$

die Isomorphismen $H^i_m(M) \cong H^i_m(M')$ für $i \geq 1$. Folglich gilt $\mathfrak{r}(M)\ H^i_m(M) = 0$ für $i = 1,\ldots,d-1$. Andererseits ist

$$\mathfrak{r}(M)\ H^0_m(M) \subseteqq \mathfrak{r}(M)\ (0_M : x_1^t) = 0$$

für $t >> 0$. Hiermit ist der Induktionsbeweis komplett. □

Im Anschluss hieran geben wir eine Interpretation von

$$V(\mathfrak{a}_0(M)\ \ldots\ \mathfrak{a}_{d-1}(M)) .$$

Dazu definieren wir $Z(M)$ als die Vereinigung von

$$\operatorname{Supp}(x_1,\ldots,x_{k-1})M : x_k/(x_1,\ldots,x_{k-1})M$$

für $k = 1,2,\ldots,d$ und alle Parametersysteme $\{x_1,\ldots,x_d\}$ von M .

<u>Satz 2.4.6.</u> Sei A ein Ring mit dualisierendem Komplex, dann gilt für einen endlich erzeugten A-Modul M mit $d = \dim M$

$$Z(M) = V(\mathfrak{a}_0(M)\ \ldots\ \mathfrak{a}_{d-1}(M)) =$$

$$= \{p \in \operatorname{Supp} M \mid \operatorname{depth} M_p + \dim A/p < d\} .$$

Beweis. Zum Beginn zeigen wir die zweite Gleichheit. Für ein Primideal $p \in \operatorname{Supp} M$ gilt

$$p \in V(\mathfrak{a}_0(M)\ \ldots\ \mathfrak{a}_{d-1}(M)) = \bigcup_{i=1}^{d-1} V(\mathfrak{a}_i(M))$$

dann und nur dann, wenn

$$0 \neq (H^{-i}(\mathrm{Hom}(M,D^{\bullet})))_{p} \cong H^{-i+\dim A/p}(\mathrm{Hom}(M^{\bullet},D^{\bullet}_{A_p}))$$

für eine ganze Zahl $0 \leq i < d$ gilt, vergleiche 2.2.3. Hierbei bezeichnet $D^{\bullet}$ bzw. $D^{\bullet}_{A_p}$ den dualisierenden Komplex für A bzw. A_p. In Hinblick auf die lokale Dualität ist dies equivalent zu

$$H^{i-\dim A/p}_{pA_p}(M_p) \neq 0$$

und äquivalent zu $\operatorname{depth} M_p < d - \dim A/p$, da ja $i < d$ vorausgesetzt wurde.

Nun haben wir

$$a_o(M) \ldots a_{d-1}(M) \subseteq \mathrm{Ann}_A((x_1,\ldots,x_{i-1})M : x_i/(x_1,\ldots,x_{i-1})M)$$

für $i = 1,\ldots,d$ und irgendein Parametersystem $\underline{x} = \{x_1,\ldots,x_d\}$ von M, vergleiche 2.4.2. Daraus folgt

$$v(a_o(M) \ldots a_{d-1}(M)) \supseteq Z(M) .$$

Nun sei $p \in \mathrm{Supp}\, M$ ein minimales Primideal bezüglich der Eigenschaft

$$\operatorname{depth}_{A_p} M_p + \dim A/p < d .$$

Wenn p auch in $\mathrm{Supp}\, M$ minimal ist, folgt $\operatorname{depth}_{A_p} M_p = 0$ und $\dim A/p < d$. Dann können wir einen Parameter $x \in p$ für M wählen. Hieraus folgt

$$p \in \mathrm{Ass}_A(0_M : x) \text{ , d.h. } p \in Z(M) .$$

Falls andererseits p in $\mathrm{Supp}\, M$ nicht minimal ist, existiert ein $P \in \mathrm{Supp}\, M$ mit $P \subset p$ und

$$\operatorname{depth}_{A_P} M_P + \dim A/P = d ;$$

wir erinnern an die Wahl von p. Da A als Ring mit dualisierendem

Komplex katenär ist, siehe |24|, S. 283, gilt

$$\dim A/P = \dim A/p + \dim A_p/PA_p .$$

Folglich erhalten wir

$$d = \dim_{A_P} M_P + \dim A/P \leq \dim_{A_p} M_p + \dim A/p \leq d .$$

Das bedeutet aber

$$d = \dim_{A_p} M_p + \dim A/p \quad \text{und}$$

M_p ist kein Cohen-Macaulay-Modul über A_p . Wir wählen nun ein Teilparametersystem $\underline{x} = \{x_1,\dots,x_r\}$ für M mit der Eigenschaft $x_i \in p$, $i = 1,\dots,r$, und r maximal. Das heisst, es gibt kein Teilparametersystem für M, bestehend aus $r+1$ Elementen, das in p enthalten ist. Wir erhalten dann

$$p \in \mathrm{Ass}_A\, M/\underline{x}M \quad \text{und}$$

$$\dim A/p = d - r$$

Denn andernfalls ergibt sich ein Widerspruch zur Maximalität von r . Hieraus schliessen wir

$$\dim_{A_p} M_p = r \quad \text{und} \quad \underline{x} = \{x_1/1,\dots,x_r/1\} \quad \text{ist}$$

ein Parametersystem für den A_p-Modul M_p . Da dieser kein Cohen-Macaulay-Modul ist, existiert ein i , $0 \leq i < r$, so dass gilt

$$pA_p \in \mathrm{Ass}_{A_p}\, M_p/(x_1,\dots,x_i)M_p \text{ , d.h.}$$

$$p \in \mathrm{Ass}_A\, M/(x_1,\dots,x_i)M .$$

Nun gehört andererseits x_{i+1} zu p . Also schliesst man

$$p \in \mathrm{Ass}_A((x_1,\dots,x_i)M : x_{i+1}/(x_1,\dots,x_i)M)$$

und somit $\mathfrak{p} \in Z(M)$. □

Wenn M in 2.4.6 zusätzlich äquidimensional ist, gilt

$$\dim M_{\mathfrak{p}} + \dim A/\mathfrak{p} = d \quad \text{für alle} \quad \mathfrak{p} \in \operatorname{Supp} M .$$

Unter dieser zusätzlichen Voraussetzung stimmen dann die angegebenen Mengen mit den "nicht Cohen-Macaulay-Punkten" aus Supp M überein. Für einen lokalen Ring A mit dualisierendem Komplex kann man im übrigen zeigen, dass die "nicht Cohen-Macaulay-Punkte" für einen endlich erzeugten A-Modul M mit

$$\bigcup_{i=0}^{d-1} \bigcup_{j=0}^{d-i} V(\mathfrak{a}_i(M)) \cap V(\mathfrak{a}_{i+j}(M))$$

übereinstimmt. Man vergleiche hierzu und für weitere Bemerkungen |55|.

Wir schliessen nun die in 2.2 angekündigten Beispiele lokaler Ringe an.

Beispiel 2.4.7. Sei A ein zweidimensionaler lokaler Integritätsbereich, so dass das Nullideal in der Komplettierung $\hat{A}$ ein eingebettetes Primideal P besitzt. Solche lokalen Ringe existieren, man vergleiche die Beispiele |12| und |47, A1, Example 2|.

Behauptung. Es ist $\mathfrak{a}_1 = \operatorname{Ann} H^1_{\mathfrak{m}}(A) = (0)$, und es gibt kein liebenswertes Parametersystem für A .

Beweis. Da $H^1_{\mathfrak{m}}(A)$ ein artinscher A-Modul ist, gibt es einen $\hat{A}$-Modulisomorphismus $H^1_{\mathfrak{m}}(A) \cong H^1_{\hat{\mathfrak{m}}}(\hat{A})$. Hieraus erhalten wir $\mathfrak{a}_1\hat{A} \subseteq \mathfrak{a}_1(\hat{A})$. Das zu (0) gehörende eingebettete Primideal P ist eindimensional, d.h. nach 2.2.5 gilt $P \in \operatorname{Ass} \hat{A}/\mathfrak{a}_1(\hat{A})$. Folglich erhält man

$$\mathfrak{a}_1 = \mathfrak{a}_1\hat{A} \cap A \subseteq P \cap A = (0) ,$$

da P zu (0) in A verengt wird.

Sei $c \in A$, so dass $c(x^tA : y^t/x^tA) = 0$ für ein Parametersystem $\underline{x} = \{x,y\}$ und alle $t \geq 1$. Da A ein Integritätsbereich ist, haben wir

$$H^1(\underline{x}^t;A) \cong x^tA : y^t/x^tA$$

und c annulliert $H^1(\underline{x}^t;A)$ für alle $t \geq 1$. Da bekanntlich nach |20| oder |21|

$$\varinjlim_t H^1(x^t;A) \cong H^1_{\mathfrak{m}}(A)$$

gilt, erhalten wir $c\, H^1_{\mathfrak{m}}(A) = 0$ und folglich $c = 0$. Das bedeutet, dass kein Parametersystem für A liebenswert ist. □

In Hinblick auf 2.2.4 folgt daraus, dass die in 2.4.7 betrachteten Beispiele lokaler Ringe keinen dualisierenden Komplex besitzen. Darüber hinaus haben sie eine Reihe weiterer "negativer" Eigenschaften.

Da kein dualisierender Komplex existiert, sind sie nicht Faktorringe von Gorenstein-Ringen. Die Existenz des dualisierenden Komplexes zieht nach sich, dass die kanonische Abbildung $A \longrightarrow \hat{A}$ von A in die Komplettierung ein Gorenstein-Homomorphismus ist, vergleiche |24, p. 300|. Wegen der Existenz des eingebetteten Primideals ist $A \longrightarrow \hat{A}$ kein Cohen-Macaulay-Homomorphismus, so dass A nicht einmal Faktorring eines Cohen-Macaulay-Ringes ist.

Spätestens an dieser Stelle ergibt sich die Frage, ob lokale Ringe existieren, die sowohl liebenswerte als auch nicht liebenswerte Parametersysteme besitzen. In einer weiteren Charakterisierung der Liebenswürdigkeit eines lokalen Ringes wollen wir das ausschliessen.

Zu diesem Zweck definieren wir noch ein weiteres Ideal. Sei $\underline{x} = \{x_1,\dots,x_d\}$ ein Parametersystem für den endlich erzeugten A-Modul M . Wir bezeichnen mit $\mathfrak{r}_{\underline{x}}(M)$ den Durchschnitt der Annullatoren von

$$(x_1^t,\dots,x_{k-1}^t)M \;:\; x_k^t/(x_1^t,\dots x_{k-1}^t)M$$

für $k = 1,2,\dots,d$ und alle $t \geq 1$. Nach 2.4.2 wissen wir bereits

$$\mathfrak{a}_0(M) \dots \mathfrak{a}_{d-1}(M) \subseteq \mathfrak{r}_{\underline{x}}(M) .$$

Ferner gilt $\mathfrak{r}(M) = \bigcap \mathfrak{r}_{\underline{x}}(M)$, wobei der Durchschnitt über alle Parametersysteme $\underline{x}$ für M zu erstrecken ist. Im Anschluss hieran wollen wir zeigen, dass diese Ideale radikalgleich sind.

<u>Satz 2.4.8.</u> Seien M ein endlich erzeugter A-Modul und $\underline{x} = \{x_1,\dots,x_d\}$, $d = \dim M$, ein Parametersystem für M , dann gilt

$$(\mathfrak{r}_{\underline{x}}(M))^r \subseteq \mathfrak{a}_0(M) \cap \dots \cap \mathfrak{a}_{d-1}(M) \quad \text{für} \quad r = \binom{d}{[d/2]} .$$

Insbesondere sind $\mathfrak{r}_{\underline{x}}(M)$, $\mathfrak{r}(M)$ und $\mathfrak{a}_0(M) \dots \mathfrak{a}_{d-1}(M)$ radikalgleich.

Beweis. Sei $k \leq d$ eine nichtnegative ganze Zahl. Zu Beginn wollen wir

$$(\mathfrak{r}_{\underline{x}}(M))^{\binom{k}{i}} H^i(x_1^t,\dots,x_k^t;M) = 0$$

für $0 \leq i < k$ und alle $t \geq 1$ zeigen. Das geschieht mit einem Induktionsbeweis bezüglich k . Im Fall $k = 1$ und $i = 0$ annulliert $\mathfrak{r}_{\underline{x}}(M)$ den Modul $H^0(x_1^t;M) \cong 0_M : x_1^t$ laut Definition. Für $k \geq 2$ zeigen wir die Behauptung mit einer Induktion nach i . Für $i = 0$ haben wir

$$H^0(x_1^t,\dots,x_k^t;M) \subseteq 0_M : x_1^t$$

und die Behauptung trifft zu. Für $i \geqq 1$ gibt es eine kurze exakte Sequenz

$$H^{i-1}(x_1^t,\ldots,x_{k-1}^t;M) \longrightarrow H^i(x_1^t,\ldots,x_k^t;M) \longrightarrow$$

$$\longrightarrow 0_{H^i(x_1^t,\ldots,x_{k-1}^t;M)} : x_k^t \longrightarrow 0 .$$

Wenn $i < k - 1$, folgt die Behauptung aus der Induktionsvoraussetzung. Im Falle $i = k - 1$ gilt

$$0_{H^{k-1}(x_1^t,\ldots,x_{k-1}^t;M)} : x_k^t \cong (x_1^t,\ldots,x_{k-1}^t)M : x_k^t/(x_1^t,\ldots,x_{k-1}^t)M ,$$

und die Behauptung ergibt sich mit der Induktionsvoraussetzung aus der Definition von $\mathfrak{r}_{\underline{x}}(M)$. Insbesondere erhalten wir für $k = d$

$$(\mathfrak{r}_{\underline{x}}(M))^{\binom{d}{i}} H^i(x_1^t,\ldots,x_d^t;M) = 0 , \quad 0 \leqq i < d \quad \text{und} \quad t \geqq 1 .$$

In Hinblick auf A. Grothendieck |20| oder |21| gilt

$$H_{m}^i(M) \cong \varinjlim_{t} H^i(x_1^t,\ldots,x_d^t;M) ,$$

was insbesondere $(\mathfrak{r}_{\underline{x}}(M))^{\binom{d}{i}} H_{m}^i(M) = 0$ nach sich zieht. Das beweist gerade die angegebene Inklusion. Die Radikalgleichheit ist wegen

$$\mathfrak{a}_o(M) \ldots \mathfrak{a}_{d-1}(M) \subseteqq \mathfrak{r}_{\underline{x}}(M)$$

und 2.4.5 unmittelbar klar. □

Das Ergebnis 2.4.8 ist insofern bemerkenswert, da $\mathfrak{r}_{\underline{x}}(M)$ für irgendein Parametersystem $\underline{x}$ für M bis auf Radikalgleichheit schon $\mathfrak{r}(M)$ bestimmt.

<u>Korollar 2.4.9.</u> Sei A ein lokaler Ring. Dann sind äquivalent:

(i) M ist liebenswert, d.h. jedes Parametersystem für M ist liebenswert.

(ii) Es gibt ein liebenswertes Parametersystem für M .

Beweis. Es genügt, die Implikation (ii) => (i) zu zeigen. Wie aus 2.4.5 und 2.4.8 folgt, gelten für die Ideale $\mathfrak{r}(M)$, $\mathfrak{r}_{\underline{x}}(M)$ und $\mathfrak{a}_o(M) \dots \mathfrak{a}_{d-1}(M)$ die Gleichungen

$$\begin{aligned}\operatorname{Rad} \mathfrak{r}(M) &= \operatorname{Rad} \mathfrak{r}_{\underline{x}}(M)\\ &= \operatorname{Rad} \mathfrak{a}_o(M) \dots \mathfrak{a}_{d-1}(M) .\end{aligned}$$

Hierbei bezeichnet $\underline{x} = \{x_1,\dots,x_d\}$, $d = \dim M$, ein beliebiges Parametersystem bezüglich M . Sei $\underline{x}$ liebenswert, dann enthält $\mathfrak{r}(M)$ ein Element c , dessen Bild in $A/\operatorname{Ann}_A M$ nicht nilpotent ist. Dann ist aber wegen der Definition von $\mathfrak{r}(M)$ jedes Parametersystem liebenswert. □

Es existieren Beispiele von lokalen Ringen A , die zeigen, dass im allgemeinen weder bei

$$\mathfrak{a}_o(A) \dots \mathfrak{a}_{d-1}(A) \subseteqq \mathfrak{r}(A) \quad \text{noch bei}$$

$$\mathfrak{r}(A) \subseteqq \mathfrak{a}_o(A) \cap \dots \cap \mathfrak{a}_{d-1}(A)$$

Gleichheit zutrifft.

Ein A-Modul M ist in Hinblick auf 1.2.1 genau dann ein Buchsbaum-Modul, wenn jede Nichteinheit aus A jedes Parametersystem $\underline{x}$ von M zu einem liebenswerten Parametersystem macht, d.h. M ist dann und nur dann ein Buchsbaum-Modul, wenn $\mathfrak{r}(M) = \mathfrak{m}$ gilt. Mit 2.4.5 gewinnen wir damit eine Aussage über die lokalen Kohomologiemoduln eines Buchsbaum-Moduls.

<u>Korollar 2.4.10.</u> Sei M ein Buchsbaum-Modul über A . Dann erhalten wir

$$\mathfrak{m}\, H^i_{\mathfrak{m}}(M) = 0\ , \quad 0 \leqq i < \dim M\ ,$$

d.h. die lokalen Kohomologiemoduln $H^i_{\mathfrak{m}}(M)$, $0 \leqq i < \dim M$, sind endlich dimensionale k-Vektorräume.

Beweis. Wegen $\mathfrak{r}(M) = \mathfrak{m}$ für einen Buchsbaum-Modul M , erhalten wir die Aussage über das Annullieren aus 2.4.5. Da die lokalen Kohomologiemoduln artinsch sind, folgt somit, dass sie endlich dimensionale k-Vektorräume sind. □

Durch ein Beispiel wird in 4.1 belegt, dass die Umkehrung von 2.4.10 nicht zutrifft.

3. Zum Verschwinden lokaler Kohomologiemoduln

Die Bedeutung der lokalen Kohomologietheorie für die lokale Algebra resultiert nicht zuletzt aus den bekannten Verschwindungssätzen

$$\operatorname{depth} M = \inf\{i \in \mathbb{Z} \mid H^i(M) \neq 0\} \quad \text{und}$$

$$\dim M = \sup\{i \in \mathbb{Z} \mid H^i(M) \neq 0\}$$

für einen endlich erzeugten A-Modul M. Ein Ziel dieses Abschnitts besteht im Beweis zweier neuartiger Verschwindungssätze, die die lokalen Kohomologiemoduln des kanonischen Moduls und die Serre-Bedingungen S_r für M und umgekehrt betreffen, vergleiche 3.2.2 und 3.2.3 für genaue Formulierungen. Wir führen den Begriff des kanonischen Moduls K_M für einen endlich erzeugten A-Modul M über einem Ring A mit dualisierendem Komplex ein. In dem Fall $M = A$ gilt für K_A gerade der funktorielle Isomorphismus

$$\operatorname{Hom}(\operatorname{Hom}(\square, K_A), E) \cong H^n_{\mathfrak{m}}(\square)$$

auf der Kategorie der endlich erzeugten A-Moduln. Bevor wir die Verschwindungssätze in Angriff nehmen, erweist es sich als nützlich, in 3.1 einige Aussagen zur lokalen Kohomologie des kanonischen Moduls zu beweisen. Wir erhalten in 3.1.2 insbesondere, dass die lokale Kohomologie des kanonischen Moduls $H^i_{\mathfrak{m}}(K_M)$ grob gesprochen mit dem Ende einer Spektralsequenz mit den Anfangstermen $H^i_{\mathfrak{m}}(K^j_M)$ übereinstimmt. In einer Anwendung 3.1.4 können wir Kern und Kokern der kanonischen Abbildung

$$M \longrightarrow K_{K_M}$$

für einen endlich erzeugten A-Modul M bestimmen, was ein Resultat A. Grothendiecks aus |20, Proposition 6.6 (8)| verschärft. Darüber hinaus können wir für einen lokalen faktoriellen Ring A mit dualisierendem Komplex in 3.2.6 die S_r-Bedingung für A mit dem Verschwinden der "oberen" lokalen Kohomologiemoduln beschreiben. Für A gilt nämlich dann und nur dann S_r, wenn $H^i_m(A) = 0$ für $\dim A - r + 2 \leq i < \dim A$. Wir fahren in 3.2 mit Bemerkungen zur "Liaison" von C. Peskine und L. Szpiro aus |51| fort. Dabei gelingt es uns, für Faktorringe von Gorenstein-Ringen die lokalen Kohomologiemoduln des kanonischen Moduls durch die lokale Kohomologie eines Ringes auszudrücken, der mit dem ursprünglichen "eng liiert" ist. Mit 3.3.3 verschärfen wir ein Resultat aus |51| über die Cohen-Macaulay-Eigenschaft zweier miteinander liierter Ringe. Schliesslich gestatten die Verschwindungssätze, die Offenheit der S_r-Punkte in der Zariski-Topologie für endlich erzeugte Moduln über Faktorringen von Gorenstein-Ringen zu zeigen. Darüber hinaus sind wir in der Lage, diese Mengen explizit anzugeben, vergleiche 3.4.1. Abschliessend zeigen wir in 3.5, dass die Verschwindungssätze $H^i_m(A) = 0$ für $\dim A - r + 2 \leq i < \dim A$ äquivalent sind zu partiellen Dualitätsaussagen.

3.1. Lokale Kohomologie und kanonischer Modul

Wir setzen die Existenz des dualisierenden Komplexes für den zugrunde liegenden lokalen Ring A voraus und bezeichnen ihn mit $D^\bullet$. Für einen endlich erzeugten A-Modul M beschäftigen wir uns mit dem Komplex $\underline{R}\operatorname{Hom}(M,D^\bullet)$. Wir verstehen dabei unter $D^\bullet$ wie in 1.3 einen Komplex injektiver A-Moduln, wobei für alle $i \in \mathbb{Z}$

$$D^i \cong \bigoplus_{p \in \operatorname{Spec} A,\ \dim A/p = -i} E(A/p)$$

gilt. Wegen $\operatorname{Ass}\operatorname{Hom}(M,E(A/p)) = \emptyset$ für alle Primideale mit $\dim A/p > \dim M$, erhalten wir

$$(\mathrm{Hom}(M,D^{\cdot}))^{i} = 0 \quad \text{für} \quad -i > \dim M .$$

Sei $n = \dim M$, dann bezeichnen wir

$$K_M = H^{-n}(\mathrm{Hom}(M,D^{\cdot}))$$

als den zu M gehörenden kanonischen Modul. Für den Fall $M = A$ stimmt K_A bis auf Isomorphie mit dem in |26| definierten kanonischen Modul überein, vergleiche 3.1.6. In Hinblick auf die Resultate 2.2.5 und 2.2.6 erhält man

$$K_M \neq 0 \quad \text{und} \quad \dim K_M = \dim M .$$

Da die kanonische Abbildung

$$0 \longrightarrow K_M \longrightarrow \mathrm{Hom}(M,D^{-n})$$

injektiv ist, gilt $\dim A/p = n$ für alle $p \in \mathrm{Ass}\, K_M$. Mit Rücksicht auf 2.2.5 bedeutet das gerade

$$\mathrm{Ass}\, K_M = (\mathrm{Ass}\, M)_n \quad \text{mit} \quad n = \dim M .$$

Lemma 3.1.1. Mit den vorangehenden Bezeichnungen gelten folgende Aussagen:

(a) Sei $p \in \mathrm{Supp}\, M$ mit $\dim M_p + \dim A/p = n$, dann gilt

$$(K_M)_p \cong K_{M_p} .$$

(b) Wenn M äquidimensional ist, folgt $\mathrm{Supp}\, M = \mathrm{Supp}\, K_M$.

(c) Es ist

$$\mathrm{depth}_{A_p}(K_M)_p \geq \min(2, \dim M_p) \quad \text{für} \quad p \in \mathrm{Supp}\, K_M \text{ , d.h.}$$

der kanonische Modul erfüllt die Bedingung S_2 .

Beweis. Wir zeigen zuerst (a) . Es gilt

$$(K_M)_p \cong H^{-n}((\mathrm{Hom}(M,D^{\cdot}))_p) .$$

Wegen 1.3.3 erhalten wir damit

$$\mathrm{Hom}(M,D^{\cdot})_p \xrightarrow{\sim} \mathrm{Hom}(M_p, D^{\cdot} \otimes_A A_p) \xrightarrow{\sim} \mathrm{Hom}(M_p, D^{\cdot}_p[+\dim A/p]) ,$$

woraus sich aus der Definition von K_M die Behauptung (a) ergibt. Die Aussage (b) erhalten wir aus (a) , wenn wir berücksichtigen, dass

$$\dim M_p + \dim A/p = n \quad \text{für} \quad p \in \mathrm{Supp}\, M$$

gilt, vergleiche 1.1. Wir zeigen nun (c) . Da K_M äquidimensional ist, erhalten wir wiederum die Gleichung über die Dimensionen. Sei $p \in \mathrm{Supp}\, K_M$ und somit $p \in \mathrm{Supp}\, M$, dann gilt nach (a) $(K_M)_p \cong K_{M_p}$. Somit ist der Beweis von (c) auf den Fall des maximalen Ideals reduziert, d.h. wir behaupten

$$\mathrm{depth}\, K_M \geqq \min(2, \dim M) .$$

Wegen der Aussage über die assoziierten Primideale ist irgendein Parameter x für M sofort K_M-regulär. Wir betrachten die kurze exakte Sequenz

$$0 \longrightarrow N \longrightarrow M \longrightarrow M/N \longrightarrow 0$$

mit $N = 0_M : \langle x \rangle$. Hieraus ergibt sich wegen $\dim N < n$ leicht $K_M \cong K_{M/N}$, d.h. ohne Beschränkung an Allgemeinheit können wir x als M-regulär ansehen. Aus der kurzen exakten Sequenz

$$0 \longrightarrow M \xrightarrow{x} M \longrightarrow M/xM \longrightarrow 0$$

ergibt sich die exakte Sequenz

$$H^{-n}(\mathrm{Hom}(M/xM, D^{\cdot})) \longrightarrow K_M \longrightarrow K_M \longrightarrow K_{M/xM} .$$

Nun ist x ein K_M-reguläres Element und somit

$$0 \longrightarrow K_M/xK_M \longrightarrow K_{M/xM}$$

exakt. Wegen depth $K_{M/xM} > 0$, folgt die Behauptung. □

Mit den Schlussweisen des Beweises von 3.1.1 (c) erhält man bei geringfügiger Abänderung, dass für einen Cohen-Macaulay-Modul M der kanonische Modul K_M ebenfalls Cohen-Macaulay-Modul ist. Für eine partielle Umkehrung im Falle eines Ringes verweisen wir auf 3.2.4. Für den Cohen-Macaulay-Modul M und eine M-reguläre Folge $\underline{x}$ gilt darüber hinaus $K_M/\underline{x}K_M \cong K_{M/\underline{x}M}$.

Nun betrachten wir die folgende kurze exakte Sequenz von Komplexen

$$0 \longrightarrow K_M[n] \longrightarrow \mathrm{Hom}(M,D^\cdot) \longrightarrow J_M^\cdot \longrightarrow 0 ,$$

wobei $J_M^\cdot$ den Faktorkomplex der kanonischen Einbettung

$$K_M[n] \hookrightarrow \mathrm{Hom}(M,D^\cdot)$$

bezeichnet. Schliesslich definieren wir noch

$$K_M^i = H^{-i}(\mathrm{Hom}(M,J_M^\cdot)) \quad \text{für } i \in \mathbb{Z} ,$$

dann gilt

$$K_M^i \cong \begin{cases} H^{-i}(\mathrm{Hom}(M,D^\cdot)) & \text{für } 0 \leq i < n \\ 0 & \text{sonst.} \end{cases}$$

Wegen der lokalen Dualität ist

$$\mathrm{Hom}(K_M^i,E) \cong H_m^i(M) \quad \text{für } 0 \leq i < n .$$

Wegen 2.2.3 (a) und 2.2.4 (a) gelten für K_M^i folgende beiden Eigenschaften

$$(K_M^i)_p \cong K_{M_p}^{i-\dim A/p}$$

und

$$\dim K_M^i \leqq i \qquad \text{für alle} \quad i = 0,\ldots,n-1 .$$

Mit diesen Vorbereitungen sind wir in der Lage, Aussagen zur lokalen Kohomologie von K_M zu gewinnen.

Lemma 3.1.2. Es existieren folgende kanonische exakte Sequenz

$$0 \longrightarrow H_m^{-1}(J_M^\bullet) \longrightarrow H_m^n(K^M) \longrightarrow \operatorname{Hom}(M,E) \longrightarrow H_m^0(J_M^\bullet) \longrightarrow 0$$

und kanonische Isomorphismen

$$H_m^{n+1-i}(K_M) \cong H_m^{-i}(J_M^\bullet) \qquad \text{für alle ganze Zahlen} \quad i > 1 .$$

Beweis. Wir gehen von der obigen kurzen exakten Sequenz von Komplexen aus und wenden den abgeleiteten Funktor $\underline{R}\Gamma_m(\square)$ an . Es ergibt sich die kurze exakte Sequenz

$$0 \longrightarrow \underline{R}\Gamma_m(K_M[n]) \longrightarrow \underline{R}\Gamma_m(\operatorname{Hom}(M,D^\bullet)) \longrightarrow$$

$$\longrightarrow \underline{R}\Gamma_m(J_M^\bullet) \longrightarrow 0 .$$

Wegen der lokalen Dualität gilt

$$\underline{R}\Gamma_m(\operatorname{Hom}(M,D^\bullet)) \xrightarrow{\sim} \operatorname{Hom}(M,E) ,$$

so dass wir in $D(A)$ den mittleren Komplex durch $\operatorname{Hom}(M,E)$ ersetzen können. Wegen

$$H_m^i(K_M[n]) = H_m^{n+i}(K_M)$$

ergibt sich die Behauptung aus der langen Kohomologiesequenz der entsprechenden Komplexe. $\square$

Für die lokale Hyperkohomologie von $J^{\bullet}_M$ existiert mit unseren Bezeichnungen folgende Spektralsequenz

$$E_2^{pq} = H^p_{m}(K_M^{-q}) \Longrightarrow E^n = H^n_{m}(J^{\bullet}_M) .$$

Letztere entartet beispielsweise, wenn K^i_M für $0 \leq i < n$ A-Moduln endlicher Länge sind.

Korollar 3.1.3. Wenn $H^i_{m}(M)$ für $0 \leq i < n$ A-Moduln endlicher Länge sind, gibt es eine kanonische exakte Sequenz

$$0 \longrightarrow \mathrm{Hom}(H^1_{m}(M),E) \longrightarrow H^n_{m}(K_M) \longrightarrow \mathrm{Hom}(M,E) \longrightarrow$$

$$\longrightarrow \mathrm{Hom}(H^0_{m}(M),E) \longrightarrow 0$$

und kanonische Isomorphismen

$$H^{n+1-i}_{m}(K_M) \cong \mathrm{Hom}(H^i_{m}(M),E) \quad \text{für} \quad 2 \leq i < n .$$

Notwendige und hinreichende Bedingungen dafür, dass $H^i_{m}(M)$ für $0 \leq i < n$ A-Moduln von endlicher Länge sind, findet man zum Beispiel in |55|. Insgesamt ist 3.1.3 eine Verschärfung von Resultaten aus |25|.

Sei A Faktorring eines lokalen Gorenstein-Ringes R mit $\dim R = r$, dann hat der dualisierende Komplex $D^{\bullet}$ von A folgende Gestalt

$$D^{\bullet} \xrightarrow{\sim} \underline{R}\,\mathrm{Hom}_R(A,R)[r] \xrightarrow{\sim} \mathrm{Hom}_R(A,E^{\bullet}[r]) ,$$

wobei $E^{\bullet}$ die minimale injektive Auflösung von R als R-Modul ist. Dann erhält man aus 1.3.1

$$\mathrm{Hom}_A(M,D^{\bullet}) \xrightarrow{\sim} \mathrm{Hom}_A(M,\mathrm{Hom}_R(A,E^{\bullet}[r])) \xrightarrow{\sim} \mathrm{Hom}_R(M,E^{\bullet}[r])$$

und somit den Isomorphismus

$$K_M \cong \mathrm{Ext}_R^{r-n}(M,R) \quad ,$$

wobei der zuletzt aufgeschriebene Modul in natürlicher Weise A-Modulstruktur besitzt und von der Wahl des Gorenstein-Ringes R bis auf Isomorphie unabhängig ist. Für $r - n$ schreiben wir kürzer g , wofür dann gerade gilt $g = \mathrm{grade}_R M$.

Lemma 3.1.4. Sei A Faktorring des Gorenstein-Ringes R , dann gibt es für einen endlich erzeugten A-Modul M eine kanonische exakte Sequenz

$$0 \longrightarrow H^0(\mathrm{Hom}(J_M^{\cdot},D^{\cdot})) \longrightarrow M \longrightarrow \mathrm{Ext}_R^g(K_M,R) \longrightarrow$$
$$\longrightarrow H^1(\mathrm{Hom}(J_M^{\cdot},D^{\cdot})) \longrightarrow 0$$

und kanonische Isomorphismen

$$\mathrm{Ext}_R^{g+1}(K_M,R) \cong H^{i+1}(\mathrm{Hom}(J_M^{\cdot},D^{\cdot})) \qquad \text{für alle} \quad i \geqq 1 \; .$$

Beweis. Wir wenden hierzu den Funktor $\mathrm{Hom}(\square,D^{\cdot})$ auf die obige kurze exakte Sequenz von Komplexen an und erhalten

$$0 \longrightarrow \mathrm{Hom}(J_M^{\cdot},D^{\cdot}) \longrightarrow M \longrightarrow \mathrm{Hom}(K_M[n],D^{\cdot}) \longrightarrow 0 \; .$$

Nun haben wir

$$\mathrm{Hom}(K_M[n],D^{\cdot}) \xrightarrow{\sim} \mathrm{Hom}_R(K_M,E^{\cdot})[r-n] \quad ,$$

woraus die Behauptung mit der langen Kohomologiesequenz folgt. □

Die Aussage 3.1.4 ist die duale Behauptung zu 3.1.2. Wir haben sie hier aufgenommen, da sie im folgenden in dieser Form benutzt werden soll. Wegen

$$K_M \cong \mathrm{Ext}_R^g(M,R)$$

erhalten wir mit 3.1.4 Ergebnisse über die natürliche Abbildung

$$M \longrightarrow \mathrm{Ext}_R^g(\mathrm{Ext}_R^g(M,R),R)$$

und die A-Moduln

$$\mathrm{Ext}_R^{g+i}(\mathrm{Ext}_R^g(M,R),R) \ .$$

Im Anschluss hieran sollen unter anderem Kern und Kokern der obigen natürlichen Abbildung genauer beschrieben werden. Damit werden einerseits Resultate aus |20, Proposition 6.6| weiterverfolgt. Andererseits folgen einige der Resultate von R. Fossum aus |13| aus 3.1.4, was wir jedoch nicht weiter bearbeiten.

Wir wollen nun einen Bezug zur Definition des kanonischen Moduls eines lokalen Ringes A im Sinne von J. Herzog und E. Kunz |26| herstellen. Zu diesem Zweck erinnern wir an einige Argumente aus |26|. Sei A ein n-dimensionaler lokaler Ring. In Hinblick auf 1.3.7 ist der additive, A-lineare Funktor $H_{m}^{n}(\square)$ rechtsexakt. Mithin ist der Funktor

$$\mathrm{Hom}_A(H_{m}^{n}(\square),E) \ ,$$

E injektive Hülle des Restekörpers A/m, ein additiver, A-linearer, kontravarianter Funktor der endlich erzeugten A-Moduln in die endlich erzeugten $\hat{A}$-Moduln. Für letzteres vergleiche man die Matlis-Dualität |39|. Nach bekannten Sätzen, A. Grothendieck |21|, § 4, ist der Funktor $\mathrm{Hom}_A(H_{m}^{n}(\square),E)$ durch den endlich erzeugten $\hat{A}$-Modul $\mathrm{Hom}_A(H_{m}^{n}(A),E)$ darstellbar, d.h. es gibt einen funktoriellen Isomorphismus

$$\mathrm{Hom}_A(H_{m}^{n}(N),E) \cong \mathrm{Hom}_A(N,\mathrm{Hom}_A(H_{m}^{n}(A),E))$$

für endlich erzeugte A-Moduln N .

Definition 3.1.5. Ein endlich erzeugter A-Modul K_A heisst kanonischer Modul für A, wenn $K_A \otimes_A \hat{A}$ den Funktor $\mathrm{Hom}_A(H^n_m(\square), E)$ darstellt. D.h. es gibt einen funktoriellen Isomorphismus

$$H^n_m(N) \cong \mathrm{Hom}_A(\mathrm{Hom}_A(N, K_A), E)$$

für endlich erzeugte A-Moduln N.

Das ist die von J. Herzog und E. Kunz in |26| gegebene Definition des kanonischen Moduls eines lokalen Ringes. Als nächstes wollen wir zeigen, dass unter der zusätzlichen Voraussetzung der Existenz des dualisierenden Komplexes für A diese Definition mit der von uns zu Beginn von 3.1 gegebenen Definition für den Fall M = A übereinstimmt.

Lemma 3.1.6. Sei A ein lokaler Ring mit dem (normalisierten) dualisierenden Komplex $D^\bullet_A$. Dann ist

$$K_A = H^{-n}(D^\bullet_A) \quad , \quad n = \dim A \; ,$$

ein kanonischer Modul für A im Sinne der Definition 3.1.5.

Beweis. Zuerst bemerken wir, dass K_A ein endlich erzeugter A-Modul ist, da $D^\bullet_A \in D^b_c(A)$ gilt. In Hinblick auf die lokale Dualität 1.3.6 erhalten wir einen funktoriellen Isomorphismus

$$H^n_m(N) \cong \mathrm{Hom}(H^{-n}(\mathrm{Hom}(N, D^\bullet_A)), E)$$

für einen endlich erzeugten A-Modul N. Wir betrachten nun die Einbettung

$$0 \longrightarrow K_A[n] \longrightarrow D^\bullet_A$$

von Komplexen. Durch Anwenden von $\mathrm{Hom}_A(N, \cdot)$ erhalten wir die Einbettung

$$0 \longrightarrow \mathrm{Hom}_A(N, K_A[n]) \longrightarrow \mathrm{Hom}_A(N, D_A^{\bullet}) ,$$

woraus sofort

$$\mathrm{Hom}_A(N, K_A) \cong H^{-n}(\mathrm{Hom}_A(N, D_A^{\bullet}))$$

folgt. D.h. wir erhalten den in 3.1.5 betrachteten funktoriellen Isomorphismus. □

Die Existenz des dualisierenden Komplexes für A impliziert also die Existenz des kanonischen Moduls K_A im Sinne der Definition 3.1.5. Im allgemeinen weiss man jedoch wenig über notwendige und hinreichende Bedingungen für die Existenz des kanonischen Moduls. Wir werden in unseren Betrachtungen stets die stärkere Voraussetzung der Existenz des dualisierenden Komplexes machen, wenn wir den kanonischen Modul betrachten. Das hat den Vorteil, dass wir die lokale Dualität zur Verfügung haben, was die Beweise in der Regel verkürzt.

Lemma 3.1.7. Sei A ein lokaler Ring mit dualisierendem Komplex $D_A^{\bullet}$ und M ein endlich erzeugter A-Modul, $d = \dim M$. Dann gibt es einen funktoriellen Isomorphismus

$$H_{\mathfrak{m}}^d(M \otimes_A N) \cong \mathrm{Hom}_A(\mathrm{Hom}_A(N, K_M), E)$$

für einen endlich erzeugten A-Modul N.

Beweis. Als erstes zeigen wir den funktoriellen Isomorphismus

$$H_{\mathfrak{m}}^d(M) \otimes_A N \cong H_{\mathfrak{m}}^d(M \otimes_A N)$$

für einen endlich erzeugten A-Modul N. Man definiert in der üblichen Weise eine kanonische Abbildung

$$H_{\mathfrak{m}}^d(M) \otimes_A N \longrightarrow H_{\mathfrak{m}}^d(M \otimes_A N) .$$

Da die lokale Kohomologie mit direkten Summen vertauschbar ist, erhalten wir dabei für einen freien A-Modul N einen Isomorphismus. Nun ist $H^d_m(M \otimes_A \square)$ ein rechtsexakter Funktor, da $H^{d+1}_m(C) = 0$ für irgendeinen Untermodul $C \subseteq M \otimes_A N$ gilt. Diese Tatsachen zusammen mit einer freien Darstellung

$$F_1 \longrightarrow F_0 \longrightarrow N \longrightarrow 0$$

von N beweisen den eingangs erwähnten funktoriellen Isomorphismus. Wegen der Definition von K_M gilt

$$H^d_m(M) \cong \mathrm{Hom}_A(K_M,E)$$

in Hinblick auf die lokale Dualität. Insgesamt heisst das

$$\begin{aligned} H^d_m(M \otimes_A N) &\cong H^d_m(M) \otimes_A N \\ &\cong \mathrm{Hom}_A(K_M,E) \otimes_A N \\ &\cong \mathrm{Hom}_A(\mathrm{Hom}_A(N,K_M),E) \ , \end{aligned}$$

wobei sich der letztgenannte Isomorphismus aus der Injektivität von E ergibt. $\square$

Man könnte 3.1.7 zum Anlass einer Definition von K_M ohne die Voraussetzung der Existenz des dualisierenden Komplexes nehmen. Es zeigt sich nämlich, dass $\mathrm{Hom}_A(H^d_m(M),E)$ den Funktor $\mathrm{Hom}_A(H^d_m(M \otimes_A \square),E)$ darstellt. Dies wollen wir jedoch nicht weiter verfolgen.

3.2. Zwei Verschwindungssätze lokaler Kohomologiemoduln

Bevor wir zum eigentlichen Anliegen gelangen, benötigen wir einige Vorbereitungen. Wir sagen, dass ein endlich erzeugter A-Modul M die Bedingung S_r für irgendeine ganze Zahl $r \geqq 0$ erfüllt, wenn

$$\operatorname{depth}_{A_p} M_p \geqq \min(r, \dim_{A_p} M_p) \quad \text{für alle} \quad p \in \operatorname{Supp} M$$

gilt. Für A setzen wir wiederum die Existenz des dualisierenden Komplexes $D^{\cdot}$ voraus. Ist dann M äquidimensional, folgt

$$\dim M_p + \dim A/p = \dim M \quad \text{für alle} \quad p \in \operatorname{Supp} M ,$$

vergleiche 1.1.

Lemma 3.2.1. Sei M ein endlich erzeugter äquidimensionaler A-Modul, dann sind für eine ganze Zahl $r \geqq 1$ folgende Aussagen äquivalent:

(i) M erfüllt die Bedingung S_r und

(ii) $\dim K_M^i \leqq i - r$ für $0 \leqq i < \dim M$,

wobei wie üblich $\dim M = -\infty$ für $M = 0$ gesetzt wird.

Beweis. Wir weisen zuerst die Implikation (i) $\Longrightarrow$ (ii) nach. Wenn $r \geqq \dim M = n$, dann ist M ein Cohen-Macaulay-Modul und nichts zu zeigen. Sei also $r < n$. Angenommen, es existiert eine ganze Zahl i mit $0 \leqq i < n$ und

$$p \in \operatorname{Supp} K_M^i \quad \text{mit} \quad \dim A/p > i - r \geqq 0 ,$$

dann erhalten wir nach 2.2.3

$$(K_M^i)_p \cong K_{M_p}^{i-\dim A/p} \neq 0 , \text{ d.h. } H_{pA_p}^{i-\dim A/p}(M_p) \neq 0 .$$

Aufgrund der kohomologischen Beschreibung von "depth" schliesst man

$$\operatorname{depth}_{A_p} M_p \leqq i - \dim A/p < \dim M - \dim A/p = \dim M_p \quad \text{und}$$

$$\operatorname{depth}_{A_p} M_p \leqq i - \dim A/p < r .$$

Das bedeutet einen Widerspruch zur Bedingung S_r .

Sei umgekehrt (ii) erfüllt. Angenommen, es existiert ein $p \in \operatorname{Supp} M$ mit

$$\operatorname{depth}_{A_p} M_p < \min(r, \dim M_p) ,$$

dann erhalten wir

$$(K_M^i)_p \neq 0 \quad \text{für} \quad i = \dim A/p + \operatorname{depth}_{A_p} M_p \quad \text{und}$$

$$\dim A/p = i - \operatorname{depth}_{A_p} M_p > i - r \quad \text{mit} \quad i < n ,$$

was wiederum einen Widerspruch bedeutet. □

<u>Satz 3.2.2.</u> Sei A ein Ring mit dualisierendem Komplex und M ein endlich erzeugter äquidimensionaler A-Modul mit $n = \dim M$. Dann sind für eine ganze Zahl $r \geqq 1$ folgende Aussagen äquivalent:

(i) M erfüllt die Bedingung S_r und

(ii) die kanonische Abbildung $H_m^n(K_M) \longrightarrow \operatorname{Hom}(M,E)$ ist bijektiv (bzw. surjektiv für $r = 1$) und

$$H_m^i(K_M) = 0 \quad \text{für} \quad n - r + 2 \leqq 1 < n .$$

Beweis. Mit Rücksicht auf 3.1.2 genügt es, sich zum Nachweis von 3.2.2 davon zu überzeugen, dass die Gültigkeit der Bedingung S_r für M äquivalent ist zu

(iii) $H_m^{-i}(J_M^\cdot) = 0$ für $0 \leqq i < r$.

Zuerst beweisen wir, dass aus S_r das Verschwinden der lokalen Hyperkohomologie folgt. Hierzu benutzen wir die folgende Spektralsequenz

$$E_2^{q-i,-q} = H_m^{q-i}(K_M^q) \Longrightarrow E^{-i} = H_m^{-i}(J_M^\bullet) .$$

Nach 3.2.1 folgt aus S_r und der kohomologischen Charakterisierung von "dim"

$$H_m^{q-i}(K_M^q) = 0 \quad \text{für alle } q \text{ und alle } i < r ,$$

d.h. aber $H_m^{-i}(J_M^\bullet) = 0$ für $0 \leq i < r$. Damit ist die Implikation (i) $\Longrightarrow$ (iii) gezeigt.

Wir beweisen die Umkehrung (iii) $\Longrightarrow$ (i) mit einer Induktion nach $n = \dim M$. Für $n \leq 1$ hat K_M^i für $0 \leq i < n$ endliche Länge, so dass sich die Behauptung aus 3.1.3 ergibt. Da M äquidimensional ist, erhält man nach 3.1.1

$$\text{Supp } M = \text{Supp } K_M \quad \text{und} \quad J_M^\bullet \otimes A_p \xrightarrow{\sim} J_{M_p}^\bullet[+\dim A/p] .$$

Aus der Voraussetzung (iii) ergibt sich nach 2.2.4 (b)

$$H_{pA_p}^{-i}(J_{M_p}^\bullet) = 0 \quad \text{für} \quad 0 \leq i < r .$$

Wegen $(K_M)_p \cong K_{M_p}$ folgt damit aus der Induktionsvoraussetzung

$$\text{depth}_{A_p} M_p \geq \min(r, \dim M_p) \quad \text{für alle} \quad p \in \text{Supp } M \setminus \{m\} .$$

Wir beweisen nun $\text{depth } M \geq \min(r, \dim M)$. Hierzu bemerken wir, dass

$$\dim K_M^j = 0 \quad \text{für} \quad 0 \leq j \leq r \quad \text{und} \quad \dim K_M^j \leq j - r \quad \text{für} \quad j < r$$

gilt. Denn angenommen, es gibt ein eindimensionales Primideal $p \in \text{Supp } K_M^j$ mit $0 \leq j \leq r$, dann können wir p so wählen, dass $\dim K_M^j = 1 + \dim(K_M^j)_p$ gilt.

Dann erhalten wir $K^{j-1}_{M_p} \neq 0$, was in Hinblick auf 3.2.1 der Bedingung S_r für M_p widerspricht. Mit einer entsprechenden Ueberlegung kann man $\dim K^j_M \leqq j - r$ für $j > r$ beweisen. Die obige Spektralsequenz entartet teilweise zu

$$H^{-i}_m(J^\cdot_M) \cong H^o_m(K^i_M) \cong K^i_M \quad \text{für} \quad 0 \leqq i < r .$$

Nach Voraussetzung verschwindet die lokale Hyperkohomologie, d.h. $K^i_M = 0$ für $0 \leqq i < r$, oder anders gesagt

$$\text{depth } M \geqq \min(r, \dim M) \ . \ \square$$

Im Anschluss hieran wollen wir eine zu 3.2.2 "duale" Aussage beweisen, das ist eine 3.2.2 entsprechende Behauptung, wobei K_M und M vertauscht sind.

Satz 3.2.3. Seien A und M wie in 3.2.2 und M genügt darüber hinaus der Bedingung S_2, dann sind für eine ganze Zahl $r \geqq 2$ folgende Aussagen äquivalent:

(i) $H^i_m(M) = 0$ für alle i mit $\dim M - r + 2 \leqq i < \dim M$ und

(ii) der kanonische Modul K_M erfüllt die Bedingung S_r.

Beweis. Wenn M die Bedingung S_2 erfüllt, so erhält man aus 3.2.2, dass die kanonische Abbidlung

$$M \longrightarrow K_{K_M}$$

ein Isomorphismus ist. Für K_M gilt der kanonische Isomorphismus

$$H^n_m(M) \cong \text{Hom}(K_M, E)$$

aufgrund der lokalen Dualität. Die Behauptung von 3.2.3 ergibt sich damit aus 3.2.2, wenn man M durch K_M ersetzt. $\square$

Ein anderer Beweis von 3.2.3 ist durch die Analyse der Spektralsequenz mit analogen Ueberlegungen wie in 3.2.2 möglich, man vergleiche hierzu |60|. Dabei sieht man auch, dass 3.2.3 ebenso für äquidimensionale A-Moduln gültig bleibt, die nicht notwendig die Bedingung S_2 erfüllen, wenn man (ii) von 3.2.3 durch eine etwas technischere Bedingung ersetzt. Wegen umständlicherer Formulierungen haben wir hierauf verzichtet. Die beiden Verschwindungssätze stellen Weiterentwicklungen von |24, Proposition 2.5| dar.

Wie weiter oben bemerkt wurde, ist der kanonische Modul K_M eines Cohen-Macaulay-Moduls M selbst ein Cohen-Macaulay-Modul. Wie man am Beispiel zweidimensionaler lokaler Ringe A sieht, gilt die Umkehrung hiervon nicht, da in diesem Fall K_A nach 3.1.1 stets ein Cohen-Macaulay-Modul ist. Im folgenden verstehen wir unter dem Typ eines n-dimensionalen Cohen-Macaulay-Moduls M die k-Dimension von $\mathrm{Ext}_A^n(k,M)$.

Korollar 3.2.4. Sei A ein lokaler Ring mit dualisierendem Komplex. Bezeichne K_A den kanonischen Modul von A . Dann sind folgende Aussagen äquivalent:

(i) A ist ein Cohen-Macaulay-Ring.

(ii) A ist ungemischt, und K_A ist ein Cohen-Macaulay-Modul vom Typ 1 .

(iii) A erfüllt S_2 und K_A ist ein Cohen-Macaulay-Modul.

Beweis. In Hinblick auf 3.2.2 genügt es zu zeigen, dass S_2 für A bzw. die Aussage über den Typ von K_A , falls A ungemischt ist, dazu äquivalent ist, dass der kanonische Homomorphismus

$$H_m^n(K_A) \longrightarrow E \ , \quad n = \dim A \ ,$$

ein Isomorphismus ist. Denn aus dem Isomorphismus folgt durch Betrachtung der Annullatoren, dass A äquidimensional ist. Falls A die Bedingung S_2 erfüllt, ist A äquidimensional, so dass sich die Behauptung im Fall (ii) aus 3.2.2 ergibt. Wir betrachten nun (iii) .

Wir zeigen zuerst, dass aus dem Isomorphismus die Behauptung über den Typ folgt. Da K_A ein Cohen-Macaulay-Modul ist, gibt es nach |20, Proposition 4.5| einen natürlichen funktoriellen Isomorphismus

$$\mathrm{Ext}_A^n(\square,K_A) \xrightarrow{\sim} \mathrm{Hom}_A(\square,H_m^n(K_A))$$

auf der Kategorie der A-Moduln endlicher Länge. Für k folgt aus dem Isomorphismus

$$\mathrm{Ext}_A^n(k,K_A) \cong \mathrm{Hom}_A(k,E) \quad ,$$

was die Aussage über den Typ beweist.

Sei umgekehrt der Typ von K_A gleich 1 und A ungemischt. D.h. insbesondere: A ist äquidimensional und erfüllt die Bedingung S_1 . 3.1.2 zusammen mit 3.2.2 beweist dann die Existenz der kanonischen exakten Sequenz

$$0 \longrightarrow A \xrightarrow{f} \mathrm{Hom}_A(K_A,K_A) \longrightarrow N \longrightarrow 0 \quad ,$$

wobei N ein endlich erzeugter A-Modul ist. Hierbei ist die Abbildung f definiert durch

$$r \mapsto \phi_r \quad , \quad r \in A \quad ,$$

wobei $\phi_r : K_A \longrightarrow K_A$ die Multiplikationsabbildung mit r bezeichne. Das Matlis-Dual dieser Sequenz ergibt gerade

$$0 \longrightarrow H_m^{-1}(J_A^{\cdot}) \longrightarrow H_m^n(K_A) \longrightarrow E \longrightarrow 0 \ .$$

Nun ist K_A ein Cohen-Macaulay-Modul, folglich erhalten wir wie zuvor den kanonischen Isomorphismus

$$\mathrm{Hom}_A(k, H^n_m(K_A)) \cong \mathrm{Ext}^n_A(k, K_A) \ .$$

Die Voraussetzung zeigt dann

$$\mathrm{Hom}_A(k, H^n_m(K_A)) \cong k \ .$$

Wegen der lokalen Dualität ist das äquivalent dazu, dass $\mathrm{Hom}_A(K_A, K_A)$ monogen ist. Wir tensorieren nun obige exakte Sequenz mit $\square \otimes_A k$ und erhalten

$$k \xrightarrow{f \otimes 1_k} \mathrm{Hom}_A(K_A, K_A) \otimes_A k \longrightarrow N/mN \longrightarrow 0 \ .$$

Da $f \otimes 1_k \neq 0$ ist, folgt $N/mN = 0$ und $N = 0$ nach dem Nakayama-Lemma. D.H. die kanonische Abbildung

$$H^n_m(K_A) \longrightarrow E$$

ist ein Isomorphismus. $\square$

Wir erwähnen noch, dass die Ungemischtheit von A in 3.2.4 (ii) nicht überflüssig ist. Hierzu betrachten wir

$$A = k[|x,y,z|]/(x) \cap (x^2,y,z) \ .$$

Man überzeugt sich leicht von

$$K_A \cong k[|x,y,z|]/(x) \ ,$$

d.h. K_A ist ein Cohen-Macaulay-Modul vom Typ 1, und A ist natürlich kein Cohen-Macaulay-Ring. Korollar 3.2.4 berichtigt einen Irrtum aus |60|, wo die Ungemischtheit für A nicht gefordert wurde.

Als weitere Anwendung ergibt sich ein Resultat, das Y. Aoyama in

|1| mit anderen Mitteln gezeigt hat. Die Verschwindungssätze können somit als Verschärfung der Ergebnisse aus |1| angesehen werden.

Korollar 3.2.5. Der kanonische Homomorphismus

$$A \longrightarrow \mathrm{Hom}_A(K_A, K_A)$$

ist genau dann ein Isomorphismus, wenn A die Bedingung S_2 erfüllt.

Beweis. Wenn A die Bedingung S_2 erfüllt, ist A äquidimensional. Wegen 2.2.5 und $\mathrm{Ass}\ \mathrm{Hom}_A(K_A, K_A) = \mathrm{Ass}\ K_A$ folgt dies ebenso, wenn der Endomorphismenring von K_A zu A isomorph ist. Die Behauptung ergibt sich dann mit 3.2.2 und

$$H^n_{\mathfrak{m}}(M) \cong \mathrm{Hom}(\mathrm{Hom}(M, K_A), E) ,$$

was leicht aus der lokalen Dualität folgt, siehe 3.1.6. □

Für faktorielle lokale Ringe gilt beispielsweise nach |14, Lemma 2.4| die Aussage $A \cong K_A$.

Korollar 3.2.6. Ein lokaler faktorieller Ring A erfüllt dann und nur dann die Bedingung S_r , wenn gilt

$$H^i_{\mathfrak{m}}(A) = 0 \quad \text{für} \quad \dim A - r + 2 \leq i < \dim A .$$

Dieses Resultat zieht Corollary 1.8 aus |25| nach sich. Für eine Anwendung auf komplette algebraisierbare lokale faktorielle Ringe mit Restklassenkörper $\mathbb{C}$ verweisen wir ebenfalls auf |25|.

Zum Beweis von Corollary 1.8 aus |25| führen wir für einen lokalen Ring A die Bedingung C ein. Wir sagen, dass A die Bedingung C erfüllt, wenn

$$\text{depth } A_p \geqq \min(\dim A_p, \tfrac{1}{2}\dim A_p+1)$$

für alle $p \in \operatorname{Spec} A$ gilt. Das ist äquivalent zu: A erfüllt S_3 und für $\dim A/p \geqq 4$ gilt

$$\text{depth } A_p \geqq \tfrac{1}{2} \dim A_p + 1 .$$

Folglich erfüllt ein Cohen-Macaulay-Ring A die Bedingung C . Andererseits impliziert C die Bedingung S_3 , aber nicht S_4 . Im folgenden wollen wir zeigen, dass ein lokaler faktorieller Ring, der ein "halber" Cohen-Macaulay-Ring ist, schon ein Cohen-Macaulay-Ring ist.

Korollar 3.2.7. Ein lokal faktorieller Ring A , für den der dualisierende Komplex existiert, ist genau dann ein Cohen-Macaulay-Ring, wenn er die Bedingung C erfüllt, d.h. wenn

$$\text{depth } A_p \geqq \min(\dim A , \tfrac{1}{2}\dim A_p+1)$$

für alle $p \in \operatorname{Spec} A$ gilt.

Beweis. Wenn A ein Cohen-Macaulay-Ring ist, gilt C . Die umgekehrte Behauptung zeigen wir mit einer Induktion nach $d = \dim A$. Für $d \leqq 3$ ist A nach Bedingung C ein Cohen-Macaulay-Ring. Sei deshalb $d \geqq 4$. Nach der Induktionsvoraussetzung ist A_p für alle $p \neq m$ ein Cohen-Macaulay-Ring. Mit der Voraussetzung C erhalten wir dann, dass A die Bedingung S_r für ein $r \geqq \frac{1}{2} \dim A + 1$ erfüllt. Mit Rücksicht auf 3.2.5 bedeutet das aber gerade $H^i_m(A) = 0$ für $i < \dim A$, und A ist ein Cohen-Macaulay-Ring. □

In |25| zeigen R. Hartshorne und A. Ogus, dass ein lokaler, algebraisierbarer faktorieller Ring A mit Restklassenkörper $\mathbb{C}$ die Bedingung S_3 erfüllt. Mit Hilfe von 3.2.7 ergibt sich für $\dim A = 4$, dass A ein Cohen-Macaulay-Ring ist.

Möglicherweise erscheint die einschränkende Bedingung in 3.2.1 und 3.2.2, dass M als äquidimensional vorausgesetzt wird, als zu einschränkend. Dazu lässt sich sagen: Wenn man in 3.2.1 und 3.2.2 jeweils die Bedingung S_r ersetzt durch

$$S'_r : \operatorname{depth}_{A_p} M_p \geqq \min(r, \dim M - \dim A/p)$$

für alle $p \in \operatorname{Supp} M$, bleiben beide Aussagen ohne die Aequidimensionalität von M gültig. Wir haben uns für die angegebene Form der Darstellung entschieden, weil uns die Bedingung S_r als die gebräuchlichere erscheint.

3.3. Liaison und Dualität

In diesem Abschnitt bezeichne R stets einen d-dimensionalen Gorenstein-Ring. Wir erinnern zu Beginn an die von C. Peskine und L. Szpiro in |51| eingeführte Definition der Liaison. Danach nennen wir zwei Ideale $a, b \subsetneq R$ über dem vollständigen Durchschnitt $\underline{x} \subseteqq a \cap b$ liiert, wenn

(a) R/a und R/b äquidimensional und ohne eingebettete Primideale sind und

(b) $b/\underline{x} = \operatorname{Hom}(R/a, R/\underline{x})$ und $a/\underline{x} = \operatorname{Hom}(R/b, R/\underline{x})$ gilt.

Wegen der Isomorphismen

$$\operatorname{Hom}(R/a, R/\underline{x}) \cong \operatorname{Ext}^g_R(R/a, R) \quad \text{bzw.}$$

$$\operatorname{Hom}(R/b, R/\underline{x}) \cong \operatorname{Ext}^g_R(R/b, R)$$

kann man mit den Bezeichnungen aus 3.1 schreiben

$$K_{R/a} \cong b/\underline{x} \quad \text{und} \quad K_{R/b} \cong a/\underline{x} .$$

Dabei ist g die Länge der (maximalen) R-Sequenz $\underline{x}$ und $g = d - n$ mit $n = \dim R/a = \dim R/b$. Im folgenden schreiben wir der Kürze wegen K_a bzw. K_b anstelle von $K_{R/a}$ bzw. $K_{R/b}$.

Sei a ein Ideal aus R, so dass R/a äquidimensional und ohne eingebettete Primideale ist. Wenn $\underline{x}$ eine reguläre R-Sequenz maximaler Länge in a bezeichnet, dann sieht man unmittelbar, dass a und $\underline{x} : a$ über $\underline{x}$ liiert sind. (Unter den Voraussetzungen an a gilt in dem Gorenstein-Ring R

$$\underline{x} : (\underline{x}:a) = a .)$$

Lemma 3.3.1. Seien a,b Ideale aus R, die über $\underline{x}$ liiert sind. Wenn $\operatorname{Ass} R/a \cap \operatorname{Ass} R/b = \emptyset$ gilt, dann erhält man $\underline{x} = a \cap b$, d.h. a und b sind im Sinne von |51| geometrisch liiert.

Beweis. Durch den Uebergang von R zu dem Gorenstein-Ring $R/\underline{x}$ kann man die Behauptung auf $(0) = a \cap b$ zurückführen, wobei a und b über (0) liiert sind und $\operatorname{Ass} R/a \cap \operatorname{Ass} R/b = \emptyset$ gilt. Aus der Definition der Liaison ergibt sich

$$a = 0 : b \quad \text{und} \quad b = 0 : a \quad \text{und folglich}$$
$$a \cap b = 0 : (a,b) .$$

Hiernach ist $a \cap b = (0)$ genau dann, wenn (a,b) einen Nichtnullteiler enthält. Letzteres gilt unter der zusätzlichen Voraussetzung an a und b. □

Satz 3.3.2. Seien a und b über dem vollständigen Durchschnitt $\underline{x}$ liiert, dann gibt es eine kanonische exakte Sequenz

$$0 \longrightarrow R/\mathfrak{a} \longrightarrow \mathrm{Ext}_R^g(K_\mathfrak{a},R) \longrightarrow \mathrm{Ext}_R^{g+1}(R/\mathfrak{b},R) \longrightarrow 0$$

und kanonische Isomorphismen für $i > g$

$$\mathrm{Ext}_R^i(K_\mathfrak{a},R) \cong \mathrm{Ext}_R^{i+1}(R/\mathfrak{b},R) .$$

Für die lokalen Kohomologiemoduln heisst das

$$0 \longrightarrow H_\mathfrak{m}^{n-1}(R/\mathfrak{b}) \longrightarrow H_\mathfrak{m}^n(K_\mathfrak{a}) \longrightarrow \mathrm{Hom}(R/\mathfrak{a},E) \longrightarrow 0 \quad \text{und}$$

$$H_\mathfrak{m}^i(K_\mathfrak{a}) \cong H_\mathfrak{m}^{i-1}(R/\mathfrak{b}) \quad \text{für } i < n .$$

Beweis. Wegen der lokalen Dualität genügt es, die Behauptungen für die "Ext"-Moduln zu zeigen. Wir gehen von der folgenden kurzen exakten Sequenz aus

$$0 \longrightarrow K_\mathfrak{a} \longrightarrow R/\underline{x} \longrightarrow R/\mathfrak{b} \longrightarrow 0 .$$

Da $\mathrm{Ext}_R^i(R/\underline{x},R) = 0$ für $i \neq g$ und $\mathrm{Ext}_R^g(R/\underline{x},R) \cong R/\underline{x}$, erhalten wir hieraus durch die lange Kohomologiesequenz des abgeleiteten Funktors $\underline{R}\,\mathrm{Hom}(\Box,R)$

$$0 \longrightarrow \mathrm{Ext}_R^g(R/\mathfrak{b},R) \longrightarrow R/\underline{x} \longrightarrow \mathrm{Ext}_R^g(K_\mathfrak{a},R) \longrightarrow$$
$$\longrightarrow \mathrm{Ext}_R^{g+1}(R/\mathfrak{b},R) \longrightarrow 0$$

und Isomorphismen für $i > g$

$$\mathrm{Ext}_R^i(K_\mathfrak{a},R) \cong \mathrm{Ext}_R^{i+1}(R/\mathfrak{b},R) .$$

Da $\mathfrak{a}$ und $\mathfrak{b}$ über $\underline{x}$ liiert sind, hat man die Isomorphie

$$\mathrm{Ext}_R^g(R/\mathfrak{b},R) \cong \mathfrak{a}/\underline{x} ,$$

woraus sich unmittelbar die behauptete kurze exakte Sequenz ergibt. □

In |51, Proposition 1.3| wurde von C. Peskine und L. Szpiro gezeigt, dass mit R/a auch R/b ein Cohen-Macaulay-Ring ist, falls a und b über einem vollständigen Durchschnitt in einem Gorenstein-Ring liiert sind. Mit den Verschwindungssätzen aus 3.2 verschärfen wir dieses Resultat im folgenden.

Korollar 3.3.3. Seien $a, b, \underline{x}$ wie in 3.3.2, dann sind für eine ganze Zahl $r \geq 2$ folgende Aussagen äquivalent:

(i) R/a erfüllt die Bedingung S_r und

(ii) $H^i_m(R/b) = 0$ für alle i mit $n - r < i < n$.

Beweis. Aus 3.1.2 und 3.3.2 erhalten wir die kanonischen Isomorphismen

$$H^{-i}_m(J^{\cdot}_{R/a}) \cong H^{n-i}_m(R/b) \quad \text{für} \quad 1 \leq i < n .$$

Die Behauptung folgt dann mit (iii) von 3.2.2. □

Die beiden letztgenannten Aussagen bleiben auch gültig, wenn man a und b vertauscht. Schliesslich sei noch erwähnt, dass für alle $0 < i < n$ gilt

$$H^{n-i}_m(R/b) \cong \mathrm{Hom}(H^i_m(R/a), E) ,$$

falls $H^i_m(R/a)$ für $0 \leq i < n$ A-Moduln endlicher Länge sind, man vergleiche 3.1.3.

In Anwendung von 3.3.3 erhalten wir ein Cohen-Macaulay-Kriterium für ein Ideal $a \subset R$, das ungemischt und zu sich selbst liiert ist, das bedeutet $a = \underline{x}R : a$ für einen vollständigen Durchschnitt $\underline{x}$ in a. Zu diesem Zweck sagen wir, R/a erfüllt die Bedingung C', wenn

$$\operatorname{depth}(R/a)_p \geq \min(\dim(R/a)_p , \tfrac{1}{2}(\dim(R/a)_p+1))$$

für alle Primideale $p \in R$ gilt. Man vergleiche zum Unterschied die Bedingung C in 3.2. Es gilt $C \Longrightarrow C'$, aber nicht umgekehrt.

Korollar 3.3.4. Sei a ein ungemischtes Ideal in R, das über $\underline{x} \subset a$ zu sich selbst liiert ist. R/a ist dann und nur dann ein Cohen-Macaulay-Ring, wenn R/a die Bedingung C' erfüllt, d.h. wenn

$$\operatorname{depth}(R/a)_p \geq \min(\dim(R/a)_p \, , \, \tfrac{1}{2}(\dim(R/a)_p+1))$$

für alle $p \in \operatorname{Spec} R$ gilt.

Beweis. Wenn R/a ein Cohen-Macaulay-Ring ist, gilt C'. Wir zeigen die Umkehrung mit einer Induktion über $d := \dim R/a$. Für $d \leq 2$ ist R/a ein Cohen-Macaulay-Ring laut Voraussetzung. Sei $d \geq 3$. C' ist eine lokale Bedingung, d.h. $(R/a)_p$ ist ein Cohen-Macaulay-Ring für alle $p \neq m$ laut Induktionsvoraussetzung. Der Ring R/a erfüllt demnach die Bedingung S_r für ein $r \geq \frac{1}{2}(\dim R/a+1)$, woraus sich mit 3.3.3 die Behauptung ergibt. □

Beispiel 3.3.5. Sei C die durch

$$C = \operatorname{Proj}(k[s^{4n}, s^{2n+1}t^{2n-1}, s^{2n-1}t^{2n+1}, t^{4n}]) \, ,$$

$n \geq 1$, in $\mathbb{P}_k^3$ definierte Kurve. Hierbei bezeichne s,t unabhängige transzendente Grössen über einem algebraisch abgeschlossenen Körper k. Mit p bezeichnen wir das C definierende Primideal. Sei $V \subset \mathbb{P}_k^3$ der vollständige Durchschnitt, definiert durch das Ideal

$$b = (x_0x_3-x_1x_2, x_0x_2^{2n}-x_1^{2n}x_3) \, .$$

Bezeichne $D = V(a)$, $a = (x_0,x_1) \cap (x_2,x_3)$, die Vereinigung der windschiefen Geraden

$$x_o = x_1 = 0 \quad \text{und} \quad x_2 = x_3 = 0 \ .$$

Dann gilt $V = C \cup D$, oder anders gesagt,

$$\mathfrak{p} \cap \mathfrak{a} = \mathfrak{b} \ ,$$

d.h. $\mathfrak{p}$ und $\mathfrak{a}$ sind miteinander liiert.

3.4. Die Offenheit der S_r-Punkte

Sei A ein lokaler Ring, der Faktorring eines d-dimensionalen Gorenstein-Ringes R ist, und M ein endlich erzeugter A-Modul, der dann auch als R-Modul aufgefasst, endlich erzeugt ist. Für eine ganze Zahl $r \geqq 0$ definieren wir

$$S_r(M) = \{\mathfrak{p} \in \text{Supp } M | M_{\mathfrak{p}} \text{ erfüllt die Bedingung } S_r\} \ ,$$

wobei wir die Bedingung S_r wie zu Beginn von 3.2 formulieren. Man hat für $r \geqq \dim M$

$$S_r(M) = \{\mathfrak{p} \in \text{Supp } M | M_{\mathfrak{p}} \text{ ist Cohen-Macaulay-Modul}\} \quad \text{und}$$

$$S_o(M) = \text{Supp } M \ .$$

In |22, IV_2| wird unter der Voraussetzung, dass A Faktorring eines regulären Ringes ist, die Offenheit von $S_r(M)$ in der Zariski-Topologie von Supp M gezeigt. Wir beweisen unter unseren Voraussetzungen ein entsprechendes Resultat, wobei wir darüber hinaus in der Lage sind, $S_r(M)$ explizit anzugeben. Das setzt Untersuchungen aus |55| fort, wo derartige Aussagen für die Mengen

$$\{\mathfrak{p} \in \text{Supp } M | \dim M_{\mathfrak{p}} - \text{depth}_{A_{\mathfrak{p}}} M_{\mathfrak{p}} \leqq r\}$$

und eine ganze Zahl $r \geqq 0$ bewiesen wurden.

<u>Satz 3.4.1.</u> Sei M ein endlich erzeugter äquidimensionaler A-Modul, dann gilt für eine ganze Zahl $r \geq 0$

$$S_r(M) = \mathrm{Supp}\, M \setminus \bigcup_{i=0}^{r-1} \mathrm{Supp}\, H^i(J_M^\bullet, D^\bullet))$$

mit den in 3.1 eingeführten Bezeichnungen, und $S_r(M)$ ist in Supp M eine offene Teilmenge. Darüber hinaus ist

$$H^i(\mathrm{Hom}(J_M^\bullet, D^\bullet)) \quad \text{für} \quad i = 0 \quad \text{bzw.} \quad i = 1$$

der Kern bzw. der Kokern der natürlichen Abbildung

$$M \longrightarrow \mathrm{Ext}_R^g(\mathrm{Ext}_R^g(M,R),R) \quad \text{und für} \quad i \geq 2$$

$$H^i(\mathrm{Hom}(J_M^\bullet, D^\bullet)) \cong \mathrm{Ext}_R^{g+i-1}(\mathrm{Ext}_R^g(M,R),R) \quad ,$$

wobei $g = \dim R - \dim M$ gesetzt wird.

Beweis. Die Aussagen des zweiten Teils der Behauptung liest man unmittelbar in 3.1.4 ab. Zum Beweis des ersten Teils bemerken wir zuerst, dass

$$\dim M_p + \dim A/p = n \quad \text{für alle} \quad p \in \mathrm{Supp}\, M$$

ist. Unter dieser Voraussetzung gilt für $p \in \mathrm{Supp}\, M$

$$D_{A_p}^\bullet\,[+\dim A/p] \longrightarrow D^\bullet \otimes A_p \quad \text{und}$$

$$J_{M_p}^\bullet\,[+\dim A/p] \longrightarrow J_M^\bullet \otimes A_p \; .$$

Letzteres folgt aus der Definition

$$0 \longrightarrow K_M[n] \longrightarrow \mathrm{Hom}(M, D^\bullet) \longrightarrow J_M^\bullet \longrightarrow 0 \; ,$$

wenn man lokalisiert und einige Verschiebungen von Komplexen durchführt. Mit diesen Vorbereitungen schliessen wir

$$H^i(\mathrm{Hom}(J^\bullet_M,D^\bullet)) \otimes A_p \cong H^i(\mathrm{Hom}(J^\bullet_{M_p},D^\bullet_{A_p})) \quad \text{für alle} \quad i \in \mathbb{Z} .$$

Wegen der lokalen Dualität ist

$$p \notin \mathrm{Supp}\, H^i(\mathrm{Hom}(J^\bullet_M,D^\bullet)) \quad \text{für alle} \quad i \quad \text{mit} \quad 0 \leq i < r$$

äquivalent zu

$$H^{-i}_{pA_p}(J^\bullet_{M_p}) = 0 \quad \text{für alle} \quad i \quad \text{mit} \quad 0 \leq i < r .$$

Hieraus ergibt sich mit (iii) von 3.2.2 die Behauptung. Die Offenheit von $S_r(M)$ erhält man nun, da die Kohomologiemoduln wegen $\mathrm{Hom}(J^\bullet_M,D^\bullet) \in D^b_c(A)$ endlich erzeugt sind. □

Als Spezialfall für $r = \dim M$ ergibt sich die Offenheit der Cohen-Macaulay-Punkte in der Zariski-Topologie von Supp M . Darüber hinaus gestattet 3.4.1 zahlreiche Uebertragungen auf allgemeinere Sachverhalte, wie das in |55| für die Cohen-Macaulay-Punkte durchgeführt wurde.

<u>Korollar 3.4.2.</u> Seien $a,b,\underline{x}$ Ideale eines Gorenstein-Ringes R , wobei a und b über dem vollständigen Durchschnitt $\underline{x}$ liiert sind. Dann gilt für eine ganze Zahl $r \geq 1$

$$S_r(R/a) = \mathrm{Supp}\, R/a \setminus \bigcup_{i=1}^{r-1} \mathrm{Supp}\, \mathrm{Ext}^{g+1}_R(R/b,R) .$$

Beweis. In Hinblick auf 3.4.1 genügt es, den Isomorphismus

$$\mathrm{Ext}^{g+i}_R(R/b,R) \cong H^i(\mathrm{Hom}(J^\bullet_{R/a},D^\bullet)) , \quad i \geq 1 ,$$

zu zeigen. Dies ergibt sich aber aus dem Vergleich von 3.3.2 mit 3.1.4 für den Fall $M = R/a$. □

3.5 Lokale Dualität und kanonischer Modul

In diesem Abschnitt wollen wir eine weitere Anwendung des Verschwindungssatzes 3.2.3 für den Fall eines lokalen Ringes A geben. Es zeigt sich nämlich, dass der Verschwindungssatz $H^i_m(A) = 0$ für $\dim A - r + 1 < i < \dim A$ und irgendeine ganze Zahl $r \geq 2$ äquivalent ist zu einer Dualitätsaussage, die im Falle eines Cohen-Macaulay-Ringes A gerade zu den bekannten Dualitätssätzen entartet. Zunächst beweisen wir die Existenz von funktoriellen Abbildungen, die dann die gewünschte Dualität beschreiben.

Lemma 3.5.1. Sei A ein d-dimensionaler lokaler Ring, für den wir die Existenz des dualisierenden Komplexes $D^{\cdot}_A$ voraussetzen. Für einen endlich erzeugten A-Modul M existieren funktorielle Homomorphismen

$$H^i_m(M) \longrightarrow \mathrm{Hom}_A(\mathrm{Ext}^{d-i}_A(M,K_A),E) \quad , \quad i \in \mathbb{Z} .$$

Für $i = d$ erhält man insbesondere den in 3.1.6 formulierten kanonischen Isomorphismus.

Beweis. Ausgehend von der lokalen Dualität erhalten wir Isomorphismen

$$H^i_m(M) \cong \mathrm{Hom}_A(H^{-i}(\mathrm{Hom}_A(M,D^{\cdot}_A)),E) \quad , \quad i \in \mathbb{Z} .$$

Wir betrachten nun die Spektralsequenz

$$\mathrm{Ext}^p_A(M,H^q(D^{\cdot}_A)) \Longrightarrow H^{p+q}(\mathrm{Hom}_A(M,D^{\cdot}_A))$$

zur Berechnung der Kohomologie von $\mathrm{Hom}_A(M,D^{\cdot}_A)$.
Da $E_2^{d-i+j,-d-j} = 0$ für $j > 0$ gilt, erhalten wir $E_\infty^{d-i+j,-d-j} = 0$ für $j > 0$. Das bedeutet aber $E_\infty^{d-i,-d}$ ist ein Un-

termodul von $H^{-i}(\mathrm{Hom}_A(M,D_A^{\bullet}))$, d.h. wir haben einen Monomorphismus

$$0 \longrightarrow E_{\infty}^{d-i,-d} \longrightarrow H^{-i}(\mathrm{Hom}_A(M,D_A^{\bullet}))$$

konstruiert. Wiederum wegen der Tatsache

$$E_2^{d-i+j,-d-j} = 0 \qquad \text{für } j > 0$$

existiert eine (endliche) Folge von Epimorphismen

$$E_2^{d-i,-d} \twoheadrightarrow E_3^{d-i,-d} \twoheadrightarrow \ldots \twoheadrightarrow E_{\infty}^{d-i,-d} .$$

Zusammen bedeutet das, es gibt eine Abbildung

$$\mathrm{Ext}_A^{d-i}(M,K_A) \longrightarrow H^{-i}(\mathrm{Hom}_A(M,D_A^{\bullet})) .$$

Indem man hierauf den Funktor $\mathrm{Hom}_A(\square,E)$ anwendet, erhält man die behaupteten Homomorphismen. Der Nachweis, dass diese funktoriell sind, folgt aus der Funktorialität der betrachteten Spektralsequenz. Im Falle $i = d$ degeneriert die Spektralsequenz partiell zu einem Isomorphismus, der gerade mit dem in 3.1.6 formulierten übereinstimmt. $\square$

Die in 3.5.1 angegebenen Homomorphismen sind von A. Grothendieck |20| als Konsequenz aus einer Yoneda-Paarung konstruiert worden. Das Lemma 3.5.1 zeigt, dass man sie auch direkt aus der lokalen Dualität folgern kann. Mehr noch, der Beweis zeigt, dass man die Homomorphismen in der folgenden Weise

$$\begin{array}{ccc} H_m^i(M) & \longrightarrow & \mathrm{Hom}(\mathrm{Ext}_A^{d-i}(M,K_A),E) \\ & \searrow \quad \nearrow & \\ & \mathrm{Hom}_A(E_{\infty}^{d-i,-d},E) & \end{array}$$

faktorisieren kann. Wir wollen nun die Situation charakteristieren, für die wenigstens einige der in 3.5.1 angegebenen Homomorphismen Isomorphismen sind.

<u>Satz 3.5.2.</u> Sei A ein lokaler Ring mit $d = \dim A$, für den wir die Existenz des dualisierenden Komplexes voraussetzen. Dann sind für eine ganze Zahl $r \geq 1$ folgende Bedingungen äquivalent:

(i) Die kanonischen Abbildungen

$$H^i_{m}(M) \longrightarrow \mathrm{Hom}_A(\mathrm{Ext}^{d-i}_A(M,K_A),E)$$

sind Isomorphismen für alle endlich erzeugten A-Moduln und $d-r < i \leq d$.

(ii) Es gilt $H^i_{m}(A) = 0$ für alle $d - r < i < d$.

Beweis. Wir beginnen mit dem Nachweis der Implikation (i) $\Longrightarrow$ (ii) . Hierzu wählen wir $M = A$. Wegen $\mathrm{Ext}^{d-i}_A(A,K_A) = 0$ für $i < d$ zeigen die angegebenen Isomorphismen die Behauptung (ii) . Wir betrachten die Umkehrung (ii) $\Longrightarrow$ (i) . Wir benutzen die Spektralsequenz

$$\mathrm{Ext}^p_A(M,H^q(D^{\cdot}_A)) \Longrightarrow H^{p+q}(\mathrm{Hom}_A(M,D^{\cdot}_A))$$

zur Berechnung der Kohomologie von $\mathrm{Hom}_A(M,D^{\cdot}_A)$. Wegen der lokalen Dualität bedeutet die Voraussetzung (ii) gerade

$$H^q(D^{\cdot}_A) = 0 \quad \text{für} \quad -d < q < -d + r \ .$$

Folglich degeneriert die Spektralsequenz teilweise, und man erhält Isomorphismen

$$\mathrm{Ext}^{d-i}_A(M,K_A) \cong H^{-i}(\mathrm{Hom}_A(M,D^{\cdot}_A))$$

für $d - r < i < d$. Wenn man nun den Funktor $\mathrm{Hom}_A(\square,E)$ anwendet, erhält man mit Rücksicht auf die lokale Dualität die Behauptung (i) . □

Als unmittelbare Folgerung ergibt sich die lokale Dualität für Cohen-Macaulay-Ringe.

Korollar 3.5.3. Sei A wie in 3.5.2, dann sind folgende Aussagen äquivalent:

(i) Für einen endlich erzeugten A-Modul M sind die kanonischen Abbildungen

$$H^i_{\mathfrak{m}}(M) \longrightarrow \operatorname{Hom}_A(\operatorname{Ext}_A^{d-i}(M,K_A),E) \ , \qquad i \in \mathbb{Z} \ ,$$

Isomorphismen.

(ii) A ist ein Cohen-Macaulay-Ring.

Als nächstes wollen wir eine Charakterisierung des kanonischen Moduls eines lokalen Integritätsbereiches geben, die durch einfache modultheoretische Grössen geliefert wird.

Satz 3.5.4. Sei A ein d-dimensionaler lokaler Integritätsbereich mit dualisierendem Komplex. Für einen endlich erzeugten A-Modul M sind folgende Bedingungen äquivalent:

(i) A erfüllt die Bedingung S_2 und M ist isomorph zum kanonischen Modul K_A von A.

(ii) M erfüllt die Bedingung S_2, und es gilt $\dim_k \operatorname{Hom}_A(k,H^d_{\mathfrak{m}}(M)) = 1$.

(iii) M erfüllt die Bedingung S_2, und K_M ist monogen mit $d = \dim K_M$.

Beweis. Wir zeigen zuerst (i) $\Longrightarrow$ (ii). Der kanonische Modul erfüllt wegen 3.1.1 (c) die Bedingung S_2. Wenn A die Bedingung S_2 erfüllt, erhält man aus 3.2.2 den kanonischen Isomorphismus

$$H^d_{\mathfrak{m}}(K_A) \cong E \ .$$

Dies impliziert aber $\dim_k \operatorname{Hom}_A(k, H^d_{\mathfrak{m}}(K_A)) = 1$ wegen der Matlis-Dualität. Wir setzen nun (ii) voraus und zeigen (iii) . Die Bedingung (ii) impliziert insbesondere $H^d_{\mathfrak{m}}(M) \neq 0$, d.h. M ist ein d-dimensionaler Modul über A . Mit Rücksicht auf 3.1 gilt das dann auch für K_M . Wegen der Definition von K_M und der lokalen Dualität gilt

$$H^d_{\mathfrak{m}}(M) \cong \operatorname{Hom}_A(K_M, E) .$$

Aus der Voraussetzung folgt damit wegen

$$\operatorname{Hom}_A(k, H^d_{\mathfrak{m}}(M)) \cong \operatorname{Hom}_A(k \otimes K_M, E) ,$$

dass K_M monogen ist. Wir beweisen nun die Gültigkeit der Implikation (iii) $\Longrightarrow$ (i) . Da K_M monogen ist, erhalten wir

$$K_M \cong A/\mathfrak{a}$$

für ein Ideal $\mathfrak{a} \subset A$. Da A ein Integritätsbereich ist, folgt aus Dimensionsgründen $\mathfrak{a} = (0)$, d.h. $K_M \cong A$. Wenn M die Bedingung S_2 erfüllt, ist wegen 3.2.2 die kanonische Abbildung

$$M \longrightarrow K_{K_M} \cong K_A$$

ein Isomorphismus, d.h. $M \cong K_A$. Wir beweisen nun, dass A die Bedingung S_2 erfüllt. Da A ein Integritätsbereich ist, erhalten wir aus dem Dual von 3.2.2 die kurze exakte Sequenz

$$0 \longrightarrow A \longrightarrow \operatorname{Hom}_A(K_A, K_A) \longrightarrow N \longrightarrow 0$$

für einen endlich erzeugten A-Modul N . Da $K_M \cong \operatorname{Hom}_A(K_A, K_A)$ monogen ist, schliessen wir wie im Beweis von 3.2.4 $N = 0$. Mit Hilfe von 3.2.5 sehen wir damit, dass der lokale Ring A die Bedingung S_2 erfüllt. □

Im Anschluss hieran wollen wir durch ein Beispiel belegen, dass im allgemeinen nicht $\dim_k \operatorname{Hom}_A(k, H^d_{\mathfrak{m}}(K_A)) = 1$ für den kanonischen Modul K_A eines lokalen Integritätsbereiches A gilt.

<u>Beispiel 3.5.5.</u> Sei A der lokale Ring im Punkt $(0,0,0,0)$ der Fläche $F \subseteqq \mathbb{A}^4_k$, k algebraisch abgeschlossener Körper, die gegeben ist durch die allgemeine Nullstelle

$$(t, tu, u(u-1), u^2(u-1)) .$$

Es zeigt sich, vergleiche R. Hartshorne: Complete intersections and connectedness, Amer. J. Math. <u>84</u> (1962), 497-508, dass für die Komplettierung $\hat{A}$ von A gilt

$$\hat{A} \cong k[|u_1,u_2,u_3,u_4|]/(u_1,u_2) \cap (u_3,u_4) ,$$

wobei u_1,u_2,u_3,u_4 Unbestimmte über k sind. Für den kanonischen Modul $K_{\hat{A}} \cong K_A \otimes_A \hat{A}$ von A folgt dann

$$K_{\hat{A}} \cong k[|u_1,u_2,u_3,u_4|]/(u_1,u_2) \oplus k[|u_1,u_2,u_3,u_4|]/(u_3,u_4) .$$

Damit ergibt sich unmittelbar

$$\dim_k \operatorname{Hom}_A(k, H^2_{\mathfrak{m}}(K_A)) = \dim_k \operatorname{Hom}_{\hat{A}}(k, H^2_{\hat{\mathfrak{m}}}(K_{\hat{A}})) = 2 .$$

4. Dualisierender Komplex und Buchsbaum-Moduln

Dieses Kapitel beinhaltet das Kernstück der Theorie der dualisierenden Komplexe in bezug auf die Charakterisierung der Buchsbaum-Moduln. Wir geben in 4.1.2 ein parameterfreies Kriterium für Buchsbaum-Moduln an, indem wir nachweisen, dass ein endlich erzeugter A-Modul M mit n = dim M dann und nur dann ein Buchsbaum-Modul ist, wenn der an der n-ten Stelle abgeschnittene Komplex $\underline{R}\Gamma_{m}(M)$ in D(A) zu einem Komplex von k-Vektorräumen isomorph ist. Falls A einen dualisierenden Komplex $D^{\cdot}$ besitzt, stimmt der abgeschnittene Komplex $\underline{R}\Gamma_{m}(M)$ gerade mit dem Matlis-Dual des in 3.1 eingeführten Komplexes $J^{\cdot}_{M}$ überein, das ist der an der (-n)-ten Stelle abgeschnittene Komplex $\mathrm{Hom}(M,D^{\cdot})$, vergleiche 4.1. Daraus folgt insbesondere, dass die lokalen Kohomologiemoduln eines Buchsbaum-Moduls $H^{i}_{m}(M)$ für $0 \leq i < n$ endlich-dimensionale k-Vektorräume sind. An einem Beispiel in 4.1 wird gezeigt, dass die Umkehrung hiervon nicht gilt. Das heisst, zur Charakterisierung der Buchsbaum-Eigenschaft ist die Struktur der lokalen Kohomologiemoduln nicht ausreichend, was letztendlich unseren Zugang mit Hilfe der dualisierenden Komplexe rechtfertigt.

Da der an der (-n)-ten Stelle abgeschnittene Komplex $\mathrm{Hom}(M,D^{\cdot})$ für einen Buchsbaum-Modul M in D(A) durch einen Komplex von k-Vektorräumen ersetzt werden kann, lassen sich einige der Resultate aus 2.2 und 2.3 erheblich verschärfen. Es zeigt sich nämlich in 4.2.1, dass die Kohomologiemoduln gewisser Komplexe k-Vektorräume sind, deren Dimensionen sich exakt angeben lassen.

In 4.3 geben wir eine Anwendung auf graduierte Ringe und Moduln. Wir erhalten in 4.3.1 ein einfaches hinreichendes Kriterium für graduierte Buchsbaum-Moduln:

Wenn für eine ganze Zahl r gilt

$$[H^i_m(M)]_j = 0 \quad \text{für alle} \quad j \neq r \quad \text{und} \quad 0 \leq i < \dim M ,$$

dann ist M ein Buchsbaum-Modul.
Hierbei bezeichnet $[H^i_m(M)]_j$ den j-ten graduierten Teil des graduierten Moduls $H^i_m(M)$. Dieses Kriterium erweist sich in bezug auf Anwendungen in 5. als sehr brauchbar. Wir skizzieren nur sehr knapp allgemeinere Aussagen über graduierte Ringe und Moduln und verweisen hierfür auf |18| und |32|.

Ein graduierter Ring R von Primzahlcharakteristik p heisst F-rein, wenn die durch die Frobenius-Abbildung $F : R \longrightarrow R$ induzierte Abbildung $M \longrightarrow M \otimes_R {}^F R$ für alle R-Moduln M injektiv ist. Es zeigt sich, dass sich die lokalen Kohomologiemoduln solcher F-reinen Ringe sehr "angenehm" verhalten. Wir beweisen in 4.4.3 für F-reine Ringe R und für ein entsprechendes Gegenstück in der Charakteristik Null unter der zusätzlichen Voraussetzung, dass $(X, \mathcal{O}_X) = \mathrm{Proj}(R)$ ein Cohen-Macaulay-Schema ist,

$$H^i_m(R) = [H^i_m(R)]_0 \quad \text{für} \quad 0 \leq i < \dim R .$$

Nach 4.3.1 erhalten wir damit Buchsbaum-Ringe. Eine Klasse von Beispielen sind Koordinatenringe von lokal perfekten Idealen, die von quadratfreien Monomen in Polynomringen über Körpern erzeugt werden. Einfachster nicht trivialer Buchsbaum-Ring ist

$$k[X_0, X_1, X_2, X_3]/(X_0, X_1) \cap (X_2, X_3) ,$$

das 2-Ebenen-Beispiel von R. Hartshorne.

4.1. Ein kohomologisches Kriterium

In diesem Abschnitt bezeichne $I^\cdot$ den in 2.1 konstruierten Komplex injektiver A-Moduln, der als Komplex von $\hat{A}$-Moduln aufgefasst zu $D_c^b(\hat{A})$ gehört. Wenn

$$X^\cdot : \ldots \longrightarrow X^t \longrightarrow X^{t+1} \longrightarrow \ldots$$

ein Komplex von A-Moduln ist, dann bezeichnen wir mit $\tau^s X^\cdot$ bzw. $\tau_r X^\cdot$ den Komplex $X^\cdot$, der oben bzw. unten an der s-ten bzw. r-ten Stelle abgeschnitten ist, das heisst

$$\tau^s X^\cdot : \ldots \longrightarrow X^t \longrightarrow \ldots \longrightarrow X^{s-1} \longrightarrow B^s(X^\cdot) \longrightarrow 0 \quad \text{bzw.}$$

$$\tau_r X^\cdot : 0 \longrightarrow B^{r+1}(X^\cdot) \longrightarrow X^{r+1} \longrightarrow \ldots \longrightarrow X^t \longrightarrow \ldots$$

Für $r < s$ haben wir dann

$$H^k(\tau_r^s X^\cdot) \cong \begin{cases} H^k(X^\cdot) & \text{für } r < k < s \\ 0 & \text{sonst,} \end{cases}$$

wobei $\tau_r^s X^\cdot = \tau_r(\tau^s X^\cdot)$ gesetzt wird. Unter der Formulierung, ein Komplex $X^\cdot \in D(A)$ ist in $D(A)$ isomorph zu einem Komplex von k-Vektorräumen $(k = A/m)$, verstehen wir im folgenden, dass $X^\cdot$ in $D(A)$ zu einem Komplex $N^\cdot$ isomorph ist, für den N^i für alle i Vektorräume über k sind. Wegen der kanonischen Abbildung für einen Komplex $X^\cdot$

$$X^\cdot \longrightarrow X^\cdot \otimes_A \hat{A}$$

sieht man, dass $X^\cdot$ dann und nur dann zu einem Komplex von k-Vektorräumen isomorph ist, wenn das für $X^\cdot \otimes_A \hat{A}$ in $D(\hat{A})$ gilt.

Lemma 4.1.1. Sei $F^\bullet \varepsilon D_c^+(A)$ ein Komplex von endlich erzeugten freien A-Moduln mit $F^i = 0$ für $i < 0$, so dass für einen endlich erzeugten A-Modul M die Kohomologie $H^i(F^\bullet \overset{L}{\otimes} M)$ für alle i A-Moduln von endlicher Länge sind. Angenommen, $\tau_{-n}\, \mathrm{Hom}(M,I^\bullet)$ ist für $n = \dim M$ isomorph zu einem Komplex von k-Vektorräumen, dann gilt das auch von $\tau^n(F^\bullet \overset{L}{\otimes} M)$.

Beweis. Wegen des kanonischen Isomorphismus in D(A)

$$\mathrm{Hom}(M,I^\bullet) \xrightarrow{\sim} \mathrm{Hom}_{\hat{A}}(M \otimes_A \hat{A}, I^\bullet)$$

und da $I^\bullet$ für $\hat{A}$ dualisierender Komplex ist, bemerken wir zuerst $(\mathrm{Hom}(M,I^\bullet))^i = 0$ für $i < -n$, vergleiche 3.1. Dann kürzen wir ab $H = H^{-n}(\mathrm{Hom}(M,I^\bullet))$. Auf die kurze exakte Sequenz von Komplexen

$$0 \longrightarrow H[n] \longrightarrow \mathrm{Hom}(M,I^\bullet) \longrightarrow \tau_{-n}\, \mathrm{Hom}(M,I^\bullet) \longrightarrow 0$$

wenden wir die Funktoren $\underline{R}\, \mathrm{Hom}(F^\bullet, \Box)$ und $\mathrm{Hom}(\Box, E)$ an. Für den mittleren Komplex ergibt sich damit

$$\mathrm{Hom}(\underline{R}\, \mathrm{Hom}(F^\bullet, \mathrm{Hom}(M,I^\bullet)), E) \xrightarrow{\sim} \mathrm{Hom}(\underline{R}\, \mathrm{Hom}(F^\bullet \otimes M, I^\bullet), E)$$

$$\xrightarrow{\sim} \underline{R}\Gamma_m(F^\bullet \otimes M) \xrightarrow{\sim} F^\bullet \otimes M \,,$$

wobei 2.1.2 und die Voraussetzung über die Länge von $H^i(F^\bullet \otimes M)$ benutzt wurden. Nun betrachten wir

$$\mathrm{Hom}(\underline{R}\, \mathrm{Hom}(F^\bullet, H[n]), E)$$

und behaupten

$$H^{-i}(\underline{R}\, \mathrm{Hom}(F^\bullet, H[n])) = 0 \quad \text{für alle } i < n \,.$$

Das beweist man, indem man $H[n]$ durch eine injektive Auflösung ersetzt und eine Spektralsequenz zu Hilfe nimmt. Damit ergibt sich aus der kanonischen Abbildung

$$\mathrm{Hom}(\underline{R}\ \mathrm{Hom}(F^{\bullet},\tau_{-n}\ \mathrm{Hom}(M,I^{\bullet})),E) \longrightarrow F^{\bullet} \otimes M$$

ein Isomorphismus in der Kohomologie für $i < n$, und das heisst

$$\tau^{n}\ \mathrm{Hom}(\underline{R}\ \mathrm{Hom}(F^{\bullet},\tau_{-n}\ \mathrm{Hom}(M,I^{\bullet})),E) \xrightarrow{\sim} \tau^{n}(F^{\bullet} \otimes M)\ .$$

Da $\tau_{-n}\ \mathrm{Hom}(M,I^{\bullet})$ in $D(A)$ isomorph ist zu einem Komplex von k-Vektorräumen, gilt das auch für den linken Komplex, und mit dem Isomorphismus ist die Behauptung gezeigt. □

Mit diesen Vorbereitungen sind wir in der Lage, das angekündigte parameterfreie Kriterium für Buchsbaum-Moduln zu beweisen.

Satz 4.1.2. Sei M ein endlich erzeugter A-Modul mit $n = \dim M$, dann sind folgende Aussagen äquivalent:

(i) M ist ein Buchsbaum-Modul.

(ii) $\tau_{-n}\ \mathrm{Hom}(M,I^{\bullet})$ ist in $D(A)$ isomorph zu einem Komplex von k-Vektorräumen.

(iii) $\tau^{n}\ \underline{R}\Gamma_{m}(M)$ ist in $D(A)$ isomorph zu einem Komplex von k-Vektorräumen.

(iv) $\tau^{n}\ \underline{R}\Gamma_{m}(M) \xrightarrow{\sim} C^{\bullet}(M)$, wobei $C^{\bullet}(M)$ ein Komplex von k-Vektorräumen mit

$$C^{i}(M) \cong \begin{cases} H^{i}_{m}(M) & \text{für } 0 \leq i < n \\ 0 & \text{sonst} \end{cases}$$

und trivialer Differentiation ist.

Besitzt A darüber hinaus einen dualisierenden Komplex $D^{\bullet}$, dann sind diese Bedingungen äquivalent zu

(v) τ_{-n} Hom(M,D$^\cdot$) ist in D(A) isomorph zu einem Komplex von k-Vektorräumen.

Beweis. Die Aussagen (ii) und (iii) bzw. (ii) und (v) sind wegen 2.1.2 bzw. der lokalen Dualität äquivalent. Die Implikation (iv) $\Longrightarrow$ (iii) ist trivialerweise gültig, so dass es zum Nachweis von 4.1.2 genügt, (ii) $\Longrightarrow$ (i) und (i) $\Longrightarrow$ (iv) zu zeigen. Wir beginnen mit dem Beweis der ersten Implikation. Wir betrachten den Koszul-Komplex $K^\cdot(\underline{x};A) \otimes M$ zu irgendeinem Parametersystem $\underline{x}$ für M, dann erhalten wir mit 4.1.1, dass $\tau^n(K^\cdot(\underline{x};M))$ in D(A) isomorph zu einem Komplex von k-Vektorräumen ist. Für die Kohomologiemoduln erhalten wir insbesondere, dass $H^{n-1}(\underline{x};M)$ vom maximalen Ideal m annulliert wird. Aus der kurzen exakten Sequenz für die Kohomologemoduln des Koszul-Komplexes

$$H^{n-1}(\underline{x};M) \longrightarrow (x_1,\dots,x_{n-1})M : x_n/(x_1,\dots,x_{n-1})M \longrightarrow 0$$

ergibt sich

$$m((x_1,\dots,x_{n-1})M : x_n) \subseteq (x_1,\dots,x_{n-1})M ,$$

woraus sich wegen 1.2.1 die Aussage (i) ergibt.

Für den Nachweis der Implikation (i) $\Longrightarrow$ (iv) bemerken wir zuerst, dass M dann und nur dann Buchsbaum-Modul ist, wenn das für die Komplettierung M gilt, vergleiche 1.2.6. Wegen $\underline{R}\Gamma_m(M) \xrightarrow{\sim} \underline{R}\Gamma_{\hat{m}}(\hat{M})$ ist (iv) äquivalent zu der entsprechenden Aussage für $\hat{M}$, so dass wir ohne Beschränkung an Allgemeinheit A als komplett voraussetzen können. Nach dem Cohen-Struktursatz ist A Faktorring eines regulären lokalen Ringes R und M, als R-Modul aufgefasst, ein Buchsbaum-Modul. Sei $J^\cdot$ die minimale injektive Auflösung von M als R-Modul, dann erhält man die kanonischen Isomorphismen

$$\underline{R}\ \mathrm{Hom}(k,M) \xrightarrow{\sim} \underline{R}\ \mathrm{Hom}(k,\underline{R}\Gamma_{m}(M)) \xrightarrow{\sim} \mathrm{Hom}(k,J^{\cdot}) \ .$$

Da $J^{\cdot}$ die minimale injektive Auflösung ist, gilt für $i \in \mathbb{Z}$

$$\begin{aligned} \mathrm{Ext}^i_R(k,M) &\cong H^i(\mathrm{Hom}(k,\Gamma_{m}(J^{\cdot}))) \cong \mathrm{Hom}(k,(\Gamma_{m}(J^{\cdot}))^i) \cong \\ &\cong \mathrm{Hom}_R(k,Z^i) \ , \end{aligned}$$

wobei Z^i den Kern der Abbildung $(\Gamma_{m}(J^{\cdot}))^i \longrightarrow (\Gamma_{m}(J^{\cdot}))^{i+1}$ bezeichnet. Letztere zerlegen wir wie folgt für $i < n$

$$\begin{array}{ccccccccc} \cdots \longrightarrow & (\Gamma_{m}(J^{\cdot}))^{i-1} & & \longrightarrow & & (\Gamma_{m}(J^{\cdot}))^{i} & \longrightarrow \cdots & & \\ & \downarrow\!\!\downarrow & & & & \uparrow & & & \\ 0 \longrightarrow & B^{i-1} & & \longrightarrow & & Z^i & \longrightarrow & H^i_{m}(M) & \longrightarrow 0 \\ & \uparrow & & & & \uparrow & & \wr\!\uparrow & \\ 0 \longrightarrow & \mathrm{Hom}(k,B^{i-1}) & & \longrightarrow & & \mathrm{Hom}(k,Z^i) & \xrightarrow{f} & H^i_{m}(M) & , \end{array}$$

wobei ausgenutzt wird, dass $H^i_{m}(M)$ für $0 \leq i < n$ und einen Buchsbaum-Modul M endlich-dimensionale k-Vektorräume sind, vergleiche hierzu 2.4.10. Die Abbildung f stimmt bis auf Isomorphie mit der kanonischen Abbildung

$$\mathrm{Ext}^i_R(k,M) \longrightarrow H^i_{m}(M)$$

überein. Diese sind für einen Buchsbaum-Modul M über einem regulären lokalen Ring R für $0 \leq i < n$ nach [72] surjektiv. Damit zerfällt die untere Sequenz in dem Diagramm, d.h. es existiert ein Homomorphismus

$$H^i_{m}(M) \longrightarrow (\Gamma_{m}(J^{\cdot}))^i \qquad \text{für } 0 \leq i < n \ ,$$

der einen Isomorphismus in der Kohomologie der Komplexe $C^{\cdot}(M)$ und $\tau^n\ \underline{R}\Gamma_{m}(M)$ induziert. □

Der Satz legt die Fragestellung nahe, ob etwa die Buchsbaum-Struktur von M dadurch charakterisiert werden kann, dass m die lokalen Kohomologiemoduln $H^i_m(M)$ für $0 \leq i < n$ annulliert. Das folgende Beispiel zeigt, dass dies nicht der Fall ist. Sei A der zweidimensionale Ring

$$A = k[[X_1,X_2,X_3,X_4]]/(X_1,X_2) \cap (X_3,X_4) \cap (X_1^2,X_2,X_3^2,X_4) ,$$

wobei k ein Körper ist, dann kann man mit einfachen Rechnungen bestätigen, dass

$$H^i_m(A) \cong k \quad \text{für} \quad i = 0,1$$

gilt und A kein Buchsbaum-Ring ist. Wir wollen hieran anschliessend ein positives Resultat in dieser Richtung beweisen. Für weitere Ergebnisse im graduierten Fall verweisen wir auf 4.3.1.

<u>Korollar 4.1.3.</u> Sei M ein endlich erzeugter A-Modul mit $H^i_m(M) = 0$ für depth $M < i <$ dim M . Dann ist M dann und nur dann ein Buchsbaum-Modul, wenn gilt

$$mH^t_m(M) = 0 \quad \text{für} \quad t = \operatorname{depth} M .$$

Beweis. Unter den zusätzlichen Voraussetzungen an M gilt

$$H^t_m(M) \xrightarrow{\sim} \tau^n \, \underline{R}\Gamma_m(M) \quad \text{in} \quad D(A) ,$$

womit die Behauptung aus 4.1.2 folgt. □

Korollar 4.1.3 wurde mit anderen Ueberlegungen von J. Stückrad und W. Vogel in |74| gezeigt.

4.2. Buchsbaum-Moduln und Kohomologie von Komplexen

Sei M ein Buchsbaum-Modul, dann haben wir in 4.1 gesehen, dass $\tau_{-n}\ \mathrm{Hom}(M,I^{\bullet})$ in $D(A)$ isomorph ist zu einem Komplex von k-Vektorräumen. Ferner haben wir in 2.2 und 2.3 gezeigt, dass die Annullatoren dieses Komplexes, genauer die kohomologischen Annullatoren, Aussagen über die Kohomologie weiterer Komplexe ermöglichen. Wenn $\tau_{-n}\ \mathrm{Hom}(M,I^{\bullet})$ zu einem Komplex von k-Vektorräumen isomorph ist, lassen sich derartige Resultate verschärfen, wobei man präzise Aussagen über die Kohomologiemoduln erwarten kann.

<u>Lemma 4.2.1.</u> Sei M ein Buchsbaum-Modul und $F^{\bullet} \in D_c^+(A)$ ein Komplex endlich erzeugter freier A-Moduln mit $F^i = 0$ für $i < 0$, so dass $F^{\bullet} \otimes k$ triviale Differentiation besitzt. Wenn die Kohomologiemoduln $H^i(F^{\bullet} \otimes M)$ für alle $i \in \mathbb{Z}$ A-Moduln endlicher Länge sind, gilt für alle i mit $0 \leqq i < \dim M$

$$\mathfrak{m}H^i(F^{\bullet} \otimes M) = 0 \quad \text{und}$$

$$\dim_k\ H^i(F^{\bullet} \otimes M) = \sum_{j=0}^{i} \ \mathrm{rank}\ F^{i-j} \cdot \dim_k\ H^j_{\mathfrak{m}}(M)\ .$$

Beweis. Die erste Aussage folgt sofort aus 4.1.1. Zum Nachweis der anderen Behauptung benutzen wir den am Ende des Beweises von 4.1.1 angegebenen Isomorphismus in $D(A)$

$$\tau^n\ \mathrm{Hom}(\mathrm{Hom}(F^{\bullet},\tau_{-n}\mathrm{Hom}(M,I^{\bullet})),E) \xrightarrow{\sim} \tau^n(F^{\bullet} \otimes M)\ .$$

Aufgrund der in 4.1.2 bewiesenen Struktur von

$$\tau_{-n}\ \mathrm{Hom}(M,I^{\bullet}) \xrightarrow{\sim} \mathrm{Hom}(C^{\bullet}(M),E)$$

erhalten wir

$$\tau^n(F^\cdot \otimes C^\cdot(M)) \xrightarrow{\sim} \tau^n(F^\cdot \otimes M) \quad ,$$

wovon man die behauptete Formel abliest. □

Wenn wir 4.2.1 auf den Koszul-Komplex $K^\cdot(\underline{x};M)$ von M bezüglich eines Parametersystems $\underline{x}$ für M anwenden, erhalten wir genaue Aussagen über dessen Kohomologiemoduln.

<u>Korollar 4.2.2.</u> Sei M ein Buchsbaum-Modul, dann gilt für ein Parametersystem $\underline{x}$ für M

$$\mathfrak{m}H^i(\underline{x};M) = 0 \quad \text{und}$$

$$\dim_k H^i(\underline{x};M) = \sum_{j=o}^{i} \binom{n}{i-j} \dim_k H^i_{\mathfrak{m}}(M) \quad \text{für} \quad 0 \leq i < n \; .$$

Für einen Buchsbaum-Ring A erhält man aus 4.2.1 auch eine Formel für $\mu_i(\mathfrak{m}) = \dim_k \operatorname{Ext}^i_A(k,A)$

$$\mu_i(\mathfrak{m}) = \sum_{j\geq o}^{i} \dim_k \operatorname{Tor}^A_{i-j}(k,k)\cdot \dim_k H^i_{\mathfrak{m}}(A)$$

für $0 \leq i < n$, wobei die Betti-Zahlen des betrachteten Ringes eingehen.

In Hinblick auf |3| oder |62| haben wir für irgendein Parametersystem $\underline{x}$ für M

$$L(M/\underline{x}M) - e_o(\underline{x};M) = \sum_{j=o}^{n-1} (-1)^{n-1-j} L(H^j(\underline{x};M)) \; .$$

Wenn M ein Buchsbaum-Modul ist, erhalten wir aus 4.2.2

$$C(M) = \sum_{j=o}^{n-1} \binom{n-1}{j} \dim_k H^j_{\mathfrak{m}}(M) \quad ,$$

eine Formel für die Invariante $C(M)$ eines Buchsbaum-Moduls, die mit einem Induktionsbeweis bereits in |52| gefunden worden ist.

Korollar 4.2.3. Für einen endlich erzeugten A-Modul M mit $n = \dim M$ sind die folgenden Aussagen äquivalent:

(i) M ist ein Buchsbaum-Modul.

(ii) $\mathfrak{m}H^{n-1}(\underline{x};M) = 0$ für jedes Parametersystem $\underline{x}$ für M.

(iii) $\mathfrak{m}H^{i}(\underline{x};M) = 0$ für jedes Parametersystem $\underline{x}$ für M und alle i mit $0 \leq i < n$.

(iv) Für jedes Parametersystem $\underline{x}$ für M ist $\tau^{n} K^{\bullet}(\underline{x};M)$ in D(A) isomorph zu einem Komplex von k-Vektorräumen.

Den Beweis von 4.2.3, aufgeschrieben für einen Ring A, findet man in |57|. Mit geringen Abänderungen zeigt man den allgemeineren Fall, weshalb wir auf eine Wiederholung verzichten.

4.3. Anwendungen auf graduierte Ringe und Moduln

Im folgenden bezeichne k einen Körper. Unter einer graduierten k-Algebra verstehen wir einen noetherschen graduierten Ring $R = \bigoplus_{n \geq o} R_n$, für den gilt:

(a) $R_o \cong k$, d.h. jedes R_n ist ein Vektorraum über k.

(b) Das irrelevante Ideal $\mathfrak{m} = \bigoplus_{n \geq 1} R_n$ wird von R_1 erzeugt.

Sei $M = \bigoplus_{i \in \mathbb{Z}} M_i$ ein graduierter R-Modul, dann bezeichnet $[M]_i$ den i-ten graduierten Teil von M, das heisst $[M]_i = M_i$. Für eine ganze Zahl r ist M(r) ein graduierter R-Modul, dessen zugrundeliegender Modul mit M übereinstimmt und dessen Graduierung durch $[M(r)]_i = [M]_{r+i}$ für $i \in \mathbb{Z}$ gegeben ist.

Wir nennen einen graduierten R-Modul M Buchsbaum-Modul, wenn der $R_{\mathfrak{m}}$-Modul $M_{\mathfrak{m}}$ ein Buchsbaum-Modul in der bisherigen Bezeichnungsweise ist. Im übrigen benutzen wir das Resümee aus |30, § 5| für die Definition der graduierten lokalen Kohomologie, ihre Beziehung zur Koszul-Kohomologie und den Vergleich mit der Čech-Kohomologie.

Satz 4.3.1. Sei M ein endlich erzeugter graduierter R-Modul mit $n = \dim M$. Wenn es eine ganze Zahl r gibt, so dass

$$[H^i_{\mathfrak{m}}(M)]_j = 0 \quad \text{für alle} \quad j \neq r \quad \text{und} \quad 0 \leq i < n$$

gilt, dann ist M ein Buchsbaum-Modul.

Beweis. Sei $K^{\cdot}$ der in 2.1 konstruierte Komplex flacher R-Moduln zu einem homogenen System von Elementen $\underline{x}$ aus R mit

$$\operatorname{Rad} \underline{x}R = \mathfrak{m} .$$

Dann vererbt sich die Graduierung von R in natürlicher Weise auf $K^{\cdot}$, man vergleiche hierzu auch |30, § 5|. Wir definieren noch

$$K^{\cdot}(M) = K^{\cdot} \otimes_R M ,$$

dann ist $K^{\cdot}(M)$ in $D(R)$ isomorph zu dem Komplex $\underline{R}\Gamma_{\mathfrak{m}}(M)$. In Hinblick auf 4.1.2 genügt es zum Nachweis unserer Behauptung zu zeigen, dass $\tau^n K^{\cdot}(M)$ in $D(R)$ isomorph zu einem Komplex von k-Vektorräumen ist. Folglich ist die Behauptung gezeigt, wenn bewiesen werden kann, dass die beiden Komplexe

$$\tau^n K^{\cdot}(M) \quad \text{und} \quad \tau^n K^{\cdot}_r(M)$$

in $D(R)$ isomorph sind. Dabei bezeichnet $K^{\cdot}_r(M)$ den r-ten graduierten Teil des Komplexes $K^{\cdot}(M)$, der ein Komplex von k-Vektorräumen ist. Hierzu betrachten wir die folgenden beiden R-Homomorphismen von Komplexen

$$\tau^n(\bigoplus_{i\geq r} K_i^\bullet(M)) \longrightarrow \tau^n K^\bullet(M) \quad \text{und}$$

$$\tau^n(\bigoplus_{i\geq r} K_i^\bullet(M)) \longrightarrow \tau^n K_r^\bullet(M) \quad ,$$

die als kanonische Einbettung und als kanonische Projektion erklärt sind. Beide sind Abbildungen vom Grade Null. Die Randhomomorphismen von $\bigoplus_{i\geq r} K_i(M)$ bzw. von $K_r^\bullet(M)$ sind dabei definiert als Einschränkungen der Randhomomorphismen von $K^\bullet(M)$ auf die Grade $i \geq r$ bzw. auf den Grad r . Es bleibt zu zeigen, dass beide Homomorphismen Isomorphismen in der Kohomologie der Komplexe induzieren. Das ist unmittelbar zu sehen, wenn man die Kohomologie jedes graduierten Zweiges berechnet und die Voraussetzung

$$[H_m^i(M)]_j \cong [H^i(K^\bullet(M))]_j = 0 \quad \text{für alle} \quad j \neq r$$

und $0 \leq i < \dim M$ benutzt. □

Wie man an einfachen Beispielen zeigen kann, gilt die Umkehrung der Aussage in 4.3.1 nicht.

Die lokalen Kohomologiemoduln $H_m^\bullet(M)$ können durch die Serre-Kohomologie von $(X,\mathcal{O}_X) = \mathrm{Proj}(R)$ mit Werten in der Garbe $F = M^\sim$ ausgedrückt werden. Es gibt eine kanonische exakte Sequenz

$$0 \longrightarrow H_m^0(M) \longrightarrow M \longrightarrow \bigoplus_{n\in\mathbb{Z}} H^0(X,F(n)) \longrightarrow H_m^1(M) \longrightarrow 0$$

und kanonische Isomorphismen

$$H_m^{i+1}(M) \cong \bigoplus_{n\in\mathbb{Z}} H^i(X,F(n)) \quad \text{für} \quad i \geq 1 \; .$$

Mit diesen Bezeichnungen sagen wir, dass F arithmetisch Buchsbaum ist, wenn M ein Buchsbaum-Modul ist.

Korollar 4.3.2. Sei M ein endlich erzeugter graduierter R-Modul, $(X,\mathcal{O}_X) = \mathrm{Proj}(R)$ und $F = M^{\sim}$ mit $\dim F > 0$. Wenn es eine ganze Zahl r gibt, so dass die kanonische Abbildung

$$M_j \longrightarrow H^0(X,F(j)) \quad \text{für } j \neq r \text{ bijektiv und}$$

$$H^i(X,F(j)) = 0 \quad \text{für } j \neq r \text{ und } 1 \leqq i < \dim F \quad \text{ist,}$$

dann ist F arithmetisch Buchsbaum.

4.4. Reinheit des Frobenius und Buchsbaum-Ringe

Im folgenden nennen wir eine Einbettung zweier Ringe $R \longrightarrow S$ rein, wenn für jeden R-Modul M die kanonische Abbildung

$$M \longrightarrow M \otimes_R S$$

injektiv ist. Wenn R ein Ring von Primzahlcharakteristik p ist, dann bezeichnen wir die Abbildung

$$F : R \longrightarrow R \quad \text{definiert durch} \quad F(r) = r^p \quad \text{für} \quad r \in R$$

als Frobenius-Abbildung. Die Abbildung F ist natürlich nicht R-linear. Für eine ganze Zahl $e \geqq 1$ bezeichne F^e die e-mal iterierte Abbildung F. Wir nennen einen Ring R von Primzahlcharakteristik F-rein, wenn die Frobenius-Abbildung F- rein ist. Damit $F : R \longrightarrow R$ injektiv ist, muss R reduziert sein, d.h. F-reine Ringe sind reduziert. Wenn die Abbildung F rein ist, gilt das auch für F^e für alle $e \geqq 1$.

Für Ringe R mit der Charakteristik Null ist in |31| von M. Hochster und J.L. Roberts eine Technik entwickelt worden, die im Fall der Charakteristik Null einen Ersatz für Aussagen ermöglicht, die für

Ringe von Primzahlcharakteristik mit Hilfe der Reinheit des Frobenius gewonnen werden.
Für die Definition des Begriffes "R hat eine Darstellung von relativem graduiertem F-reinem Typ" für eine graduierte k-Algebra R verweisen wir auf |31, 4|.

Für unsere Ueberlegungen ist das folgende Lemma aus |30 , Corollary 6.6| von einiger Bedeutung. Für den einfachen Beweis sei auf |30| verwiesen.

Lemma 4.4.1. Sei $R \longrightarrow S$ eine reine Inklusion von Ringen und $X^{\cdot}$ ein Komplex von R-Moduln, dann sind die induzierten Abbildungen der Kohomologiemoduln

$$H^i(X^{\cdot}) \longrightarrow H^i(X^{\cdot} \otimes_R S)$$

für alle i injektiv.

Sei $R \longrightarrow S$ eine reine Einbettung zweier graduierter Ringe, wobei $R \longrightarrow S$ die Grade mit r multipliziert. Die Einbettung induziert eine Abbildung der Koszul-Komplexe für $t \geqq 1$

$$K^{\cdot}(\underline{x}^t;R) \longrightarrow K^{\cdot}(\underline{x}'^t;S) \cong K^{\cdot}(\underline{x}^t;R) \otimes_R S ,$$

wobei $\underline{x}$ ein System von Elementen aus R und $\underline{x}'$ das Bild von $\underline{x}$ in S bezeichnet. Diese Abbildung multipliziert die Grade mit r, und man erhält in der Kohomologie Abbildungen

$$[H^i_m(\underline{x}^t;R)]_j \longrightarrow [H^i_m(\underline{x}'^t;S)]_{jr} \quad \text{für alle } j \in \mathbb{Z} ,$$

die wegen 4.4.1 injektiv sind. Sei $m = \operatorname{Rad} \underline{x}R$, dann erhalten wir durch den Uebergang zum direkten Limes injektive Abbildungen

$$[H^i_m(R)]_j \longrightarrow [H^i_{mS}(S)]_{jr} \quad \text{für alle } j \in \mathbb{Z} .$$

Lemma (4.4.2). Sei R graduiert und F-rein, dann ist die durch F^e induzierte Abbildung

$$[H^i_m(R)]_j \longrightarrow [H^i_m(R)]_{jp^e}$$

injektiv. Falls $[H^i_m(R)]_j$ bzw. $[H^i_m(R)]_{-j}$ für hinreichend grosses j verschwindet, dann verschwindet es für alle $j > 0$.

Beweis. Nach dem Vorhergehenden haben wir die durch F^e induzierte injektive Abbildung

$$H^i_m(R) \longrightarrow H^i_{F^e(m)}(R) \cong H^i_m(R) ,$$

die die Grade mit p^e multipliziert. Für den Beweis des zweiten Teils sei e so gewählt, dass $[H^i_m(R)]_{\alpha p^e j} = 0$ für $\alpha = \pm 1$ gilt.

Da $[H^i_m(R)]_{\alpha j} \longrightarrow [H^i_m(R)]_{\alpha p^e j}$ injektiv ist, folgt die Behauptung. □

Mit diesen Vorbereitungen sind wir in der Lage, einen wesentlichen Zusammenhang mit den Buchsbaum-Ringen herzustellen. Dabei werden Proposition 2.4 und Proposition 4.7 aus |31| benutzt.

<u>Satz 4.4.3.</u> Sei k ein Körper von Primzahlcharakteristik p (bzw. von Charakteristik Null) und R eine graduierte äquidimensionale k-Algebra, so dass R_p für alle vom irrelevanten Ideal verschiedenen Primideale p ein Cohen-Macaulay-Ring ist. Wenn R F-rein ist (bzw. eine Darstellung von relativem graduiertem F-reinem Typ besitzt), dann gilt

$$H^i_m(R) = [H^i_m(R)]_0 \quad \text{für} \quad 0 \leq i < \dim R$$

und R ist ein Buchsbaum-Ring.

Beweis. Die Voraussetzungen an R ziehen wegen |55| oder |30, Lemma 7.1| in beiden Fällen nach sich, dass $H^i_m(R)$ für $0 \leq i < \dim R$ Moduln von endlicher Länge sind, d.h.

$$[H^i_m(R)]_j = 0 \quad \text{für} \quad j >> 0 \quad \text{und} \quad j << 0 .$$

Im Fall, dass R von Primzahlcharakteristik und F-rein ist, ergibt sich $H^i_m(R) = [H^i_m(R)]_0$ für $0 \leq i < \dim R$ aus 4.4.2 bzw. Proposition 2.4 aus |31|. Im Fall der Charakteristik Null steht uns mit Proposition 4.7 aus |31| ein entsprechendes Resultat zur Verfügung. Die Behauptung über die Buchsbaum-Eigenschaft ergibt sich aus 4.3.1. □

<u>Korollar 4.4.4.</u> Seien k und R wie in 4.4.3 und bezeichne $\underline{x} = \{x_1,\ldots,x_d\}$ ein homogenes Parametersystem von R bestehend aus Formen vom Grad t . Wir setzen $\underline{x}_s = \{x_1,\ldots,x_s\}$ für $s = 0,1,\ldots,d$, dann gilt

$$H^r(\underline{x}_s;R) \cong \bigoplus_{i=0}^{r} k^{e_i}((r-i)t) \quad \text{mit} \quad e_i = \binom{s}{r-i} \dim_k [H^i_m(R)]_0 \quad \text{für}$$

$0 \leq r < s$.

Beweis. Bezeichne $K^{\cdot}(\underline{x}_s;R)$ den Koszul-Komplex von $\underline{x}_s$ bezüglich R , das heisst insbesondere

$$K^i(\underline{x}_s;R) = R^{\binom{s}{i}}(it) .$$

Wir zeigen nun, dass $H^r(\underline{x}_s;R)$ für $0 \leq r < s$ Moduln endlicher Länge sind. Hierzu betrachten wir für $i \geq 1$ die exakte Folge

$$0 \longrightarrow H^{r-1}(\underline{x}_{s-1};R)/x_s^i\, H^{r-1}(\underline{x}_{s-1};R) \longrightarrow H^r(\underline{x}_{s-1},x_s^i;R) .$$

Für $s = d$ und $r < d$ wissen wir nach 4.2.3, dass der linke Modul von m annulliert wird, folglich gilt auch

$$mH^{r-1}(\underline{x}_{d-1};R) = 0 \quad \text{für} \quad r < d .$$

Indem man diese exakte Sequenz mehrfach benutzt, erhält man mit Induktion die Behauptung über die Länge der Kohomologiemoduln. Mit dem selben Argument wie im Beweis von 4.2.1 gilt schliesslich

$$\tau^s\, K^{\cdot}(\underline{x}_s;R) \xrightarrow{\sim} \tau^s(K^{\cdot}(\underline{x}_s;R) \otimes C^{\cdot}(R)) ,$$

wonach unter Berücksichtigung der Struktur des Komplexes $C^{\cdot}(R)$ sofort die Behauptung folgt. □

Ein entsprechendes Resultat gilt auch für beliebige graduierte Buchsbaum-Ringe R . Da im allgemeinen Fall die lokale Kohomologie nicht auf den Grad Null beschränkt ist, werden die Formulierungen viel schwerfälliger.

Wir wollen diesen Abschnitt nicht beschliessen, ohne eine Beispielklasse von F-reinen graduierten Ringen anzugeben, wozu auch eine Reihe von Buchsbaum-Ringen gehören. Sei k ein perfekter Körper von Primzahlcharakteristik p und $k[x_o,\dots,x_n]$ der homogene Polynomring über k , versehen mit der natürlichen Graduierung. Wir bezeichnen mit $R = k[x_o,\dots,x_n]/I$ den Faktorring bezüglich eines Ideals I , das von quadratfreien Monomen in $x_o,\dots,x_n$ erzeugt wird. Wir zeigen, dass die Frobenius-Abbildung $F : R \longrightarrow R$ rein ist. Hierzu beweisen wir, dass $F(R)$ ein direkter Summand von R als $F(R)$-Modul ist. Dazu konstruieren wir eine Retraktion $r : R \longrightarrow F(R)$. Wir erklären r auf den Monomen durch

$$r(x_o^{k_o} \dots x_n^{k_n}) = \begin{cases} x_o^{k_o} \dots x_n^{k_n} & \text{wenn } k_i \equiv 0 (\mathrm{mod}\ p) \ \forall_{o}^{n}\, i \\ 0 & \text{sonst} \end{cases}$$

und erweitern r k-linear auf R . Da k perfekt ist, gilt $r(R) = F(R)$. Um den Beweis zu vervollständigen, bemerken wir, dass r auf $F(R)$ die Identität und ein $F(R)$-Modulhomomorphismus ist. Mit $\mathbb{Z}[x_o,\dots,x_n]/I$ haben wir dann eine Darstellung von relativem graduiertem F-reinem Typ, wenn k ein beliebiger Körper ist.

<u>Korollar 4.4.5.</u> Sei $R = k[x_0,\dots,x_n]/I$, wobei k ein beliebiger Körper und I ein von quadratfreien Monomen erzeugtes Ideal ist. Wenn R_p für alle vom irrelevanten Ideal verschiedenen Primideale p ein Cohen-Macaulay-Ring ist, dann ist R ein Buchsbaum-Ring.

Wann unter diesen Voraussetzungen R_p ein Cohen-Macaulay-Ring ist, wurde von G.A. Reisner in |52| beschrieben, vergleiche auch 6.2. Als einfaches Beispiel dieser Art sei auf

$$I = (x_0,x_1,x_2) \cap (x_1,x_2,x_3) \cap (x_2,x_3,x_4) \cap (x_3,x_4,x_5) \cap \cap (x_4,x_5,x_0) \cap (x_5,x_0,x_1)$$

in dem Ring $S = k[x_0,\dots,x_5]$ verwiesen. Wegen 4.4.5 definiert S/I einen Buchsbaum-Ring. Das Ideal I wurde von G. Eisenreich in |10| aus anderen Gründen betrachtet.

Hieran anschliessend drängt sich die Frage auf: Wie verhalten sich in dem Polynomring $S = k[x_0,\dots,x_n]$ Ideale J , die von (nicht notwendig quadratfreien) Monomen in den Unbestimmten erzeugt werden? Hierzu betrachten wir den von M. Hochster in |29| eingeführten Begriff des assoziierten Radikalideals von J . Sei f ein Monom mit $f \notin J$, dann nennen wir $\mathrm{Rad}(J : f)$ ein assoziiertes Radikalideal von J .

<u>Korollar 4.4.6.</u> Die lokalen Kohomologiemoduln $H^i_m(S/J)$, $0 \leq i < \dim S/J$, sind dann und nur dann Moduln endlicher Länge, wenn S/I für alle zu J assoziierten Radikalideale I ein Buchsbaum-Ring mit $\dim S/I = \dim S/J$ bzw. $S/I \cong k$ ist.

Beweis. Mit den Ueberlegungen von M. Hochster und J.L. Roberts |31|, vergleiche auch |29|, kann man die Aussage auf den Fall zurückführen, dass k ein perfekter Körper von Primzahlcharakteristik p

ist. Sei ${}^{e}(S/J)$ der Ring S/J , aufgefasst als Modul über sich selbst durch die e-te Potenz der Frobenius-Abbildung. In |29| zeigt M. Hochster, dass ${}^{e}(S/J)$ für $e \gg 0$ die direkte Summe zyklischer Moduln mit Radikalannulatoren ist, so dass die Menge der auftretenden Annullatoren mit der Menge der zu J assoziierten Radikalideale I übereinstimmt. Mit den vorangehenden Ueberlegungen ergibt sich damit die Behauptung. □

Eine Theorie solcher verallgemeinerten Cohen-Macaulay-Moduln M , so dass die lokalen Kohomologiemoduln $H^i_{\mathfrak{m}}(M)$ für $0 \leq i < \dim M$ Moduln endlicher Länge sind, wurde in |55|, |59| und |61| entwickelt. Dort sind u.a. Charakterisierungen mit Hilfe der Multiplizitätstheorie von Parametersystemen angegeben.

5. Konstruktion und Beispiele von Buchsbaum-Ringen

In diesem Abschnitt sollen die in 4. gefundenen Charakterisierungen von Buchsbaum-Ringen zum Auffinden und zur Konstruktion umfassender Klassen derartiger lokaler Ringe angewendet werden. Es geht uns hierbei darum, explizit den Nachweis zu erbringen, dass die ursprünglich aus multiplizitätstheoretischen Fragestellungen heraus betrachteten Buchsbaum-Ringe über diesen Rahmen hinaus von allgemeinerem algebraisch-geometrischem Interesse sind.

Wir beginnen mit der Analyse der Arbeit von M. Hochster und J.L. Roberts |30|, wo gezeigt wird, dass Ringe von Invarianten linearer reduktiver algebraischer Gruppen, die auf regulären Ringen operieren, Cohen-Macaulay-Ringe sind, und zeigen, dass Ringe von Invarianten solcher Gruppen, die auf gewissen "singulären" Ringen operieren, Buchsbaum-Ringe sind. Dass man im allgemeinen keine Cohen-Macaulay-Ringe zu erwarten hat, zeigen wir am Beispiel eines Torus. Dieser Ring von Invarianten erweist sich in der Tat als Segre-Produkt, weshalb wir im Anschluss hieran zeigen, dass gewisse Segre-Produkte Buchsbaum-Ringe ergeben. Eine andere "klassische" Konstruktion, die Veronese-Einbettung, zeigt, dass solche Einbettungen von rein-dimensionalen projektiven Cohen-Macaulay-Varietäten ebenfalls auf Buchsbaum-Ringe führen. In einer Anwendung hiervon verweisen wir auf die Lösung der von W. Gröbner in |19| geforderten Klassifizierung der einfachen Projektionen Veronesescher Varietäten. In den angegebenen Konstruktionen lassen sich etwa leicht normale Buchsbaum-Ringe finden, vergleiche 5.2.2. In 5.4 zeigen wir, dass die zu abelschen Varietäten assoziierten lokalen Ringe generell Buchsbaum-Ringe sind. Mit Ueberlegungen von S. Mori aus |43| erhalten wir Beispiele faktorieller Buchsbaum-Ringe, die keine Cohen-Macaulay-Ringe sind. Wir beschliessen den Abschnitt mit Betrachtungen, die sich auf die Buchsbaum-Eigenschaft des kanonischen Moduls und zueinander liierter Ideale beziehen.

Bei der Darstellung benötigter Hiflsmittel, etwa über algebraische Gruppen oder abelsche Varietäten, verweisen wir auf die jeweilige Standardliteratur und begnügen uns mit kurzen Hinweisen.

5.1. Ringe von Invarianten reduktiver algebraischer Gruppen

In ihrer fundamentalen Arbeit |30| beweisen M. Hochster und J.L. Roberts, dass Ringe von Invarianten linearer reduktiver algebraischer Gruppen, die auf regulären Ringen operieren, Cohen-Macaulay-Ringe sind. Wir wollen hier zeigen, dass Ringe von Invarianten solcher Gruppen, die auf gewissen "singulären" Ringen operieren, Buchsbaum-Ringe sind. Zu Beginn wollen wir auf die Klärung einiger Begriffe der Invariantentheorie eingehen. Im übrigen verweisen wir hierzu auf die Zusammenfassungen in |30, 10|, |28, 8| und die ausführliche Darstellung von D. Mumford in |45|. Eine lineare algebraische Gruppe G nennen wir reduktiv, wenn der Funktor

$$V \longrightarrow V^G = \{v \in V \mid g(v) = v \quad \forall \ g \in G\}$$

für einen G-Modul V auf der Kategorie der G-Moduln exakt ist. Dabei verstehen wir unter einem G-Modul V einen Vektorraum V, auf dem G operiert. Man kann leicht sagen, dass G dann und nur dann reduktiv ist, wenn eine kanonische G-Modul-Retraktion $\rho : V \longrightarrow V^G$ für jeden G-Modul V existiert. Das ist der sogenannte Reynolds Operator, der für eine endliche Gruppe G der Ordnung n mit $(n,p) = 1$ für die Charakteristik p des Grundkörpers k, die Gestalt

$$\rho(v) = \frac{1}{n} \sum_{g \in G} g(v) , \qquad v \in V$$

hat. Wenn R eine k-Algebra ist, dann sagen wir, G operiert auf R , wenn G auf R als k-Vektorraum durch k-Automorphismen operiert. Dann ist R^G ein Ring, der Ring der Invarianten. Wenn G reduktiv ist, dann ist R^G ein direkter Summand von R als R^G-Modul. Das ist der entscheidende Fakt, der aus der Invariantentheorie benötigt wird. Wenn darüber hinaus R noethersch bzw. von endlichem Typ über k ist, dann gilt das auch von R^G . Für die vollständige Klassifizierung der reduktiven Gruppen verweisen wir auf |48|. Wir bemerken hier nur, dass in der Charakteristik Null die klassischen Gruppen GL(n,k), SL(n,k), O(n,k) , die symplektische Gruppe und die endlichen Gruppen reduktiv sind. Der Torus, das ist ein Produkt von Kopien von GL(1,k) , ist über jedem Körper reduktiv.

<u>Satz 5.1.1.</u> Sei k ein Körper von Primzahlcharakteristik (bzw. von der Charakteristik Null), R eine graduierte k-Algebra und Integritätsring, so dass R im irrelevanten Ideal eine isolierte Singularität besitzt und F-rein ist (bzw. eine Darstellung von relativem graduiertem F-reinem Typ besitzt). Sei G eine reduktive lineare algebraische Gruppe, die auf R operiert und den Grad respektiert. Dann ist der Ring der Invarianten $S = R^G$ F-rein (bzw. besitzt eine Darstellung von relativem graduiertem F-reinem Typ), und S ist ein Buchsbaum-Ring.

Beweis. Sei p ein vom irrelevanten Ideal verschiedenes Primideal aus S , dann ist R_p ein regulärer Ring, und es gilt $(R_p)^G = S_p$. Nach den obigen Bemerkungen über die Invariantentheorie sind $S \subset R$ und somit auch $S_p \subset R_p$ reine Inklusionen von Ringen. Nach dem Hauptergebnis aus |30| ergibt sich damit, dass S_p für alle vom irrelevanten Ideal verschiedenen Primideale p ein Cohen-Macaulay-Ring ist. In Hinblick auf 4.4.3 genügt es somit, zum Beweis dieser

Behauptung zu zeigen, dass S F-rein ist (bzw. eine Darstellung von relativem graduiertem F-reinem Typ besitzt). Letzteres ergibt sich aus den Propositionen 5.13 und 5.24 von |31|. □

In |31| sind eine Vielzahl von Ringen R konstruiert, die die Voraussetzungen von 5.1.1 erfüllen, worauf wir an dieser Stelle verweisen. Wir wollen hier ein Beispiel anfügen, welches zeigt, dass im allgemeinen Buchsbaum-Ringe und keine Cohen-Macaulay-Ringe als Ringe von Invarianten zu erwarten sind.

Beispiele 5.1.2. (a) Sei $R = k[x_1,\dots,x_n]/(x_1^n+\dots+x_n^n)$, dann ist R nach |31, Proposition 5.21| für einen perfekten Körper k mit Charakteristik $p \equiv 1 \pmod n$ F-rein. Für einen Körper der Charakteristik Null gewinnen wir damit eine Darstellung von relativem graduiertem F-reinem Typ. Sei $S = k[y_1,y_2]$ und operiere $G = GL(1,k) = k\setminus\{0\}$ auf R bzw. S dadurch, dass $g \in G$ jede Form vom Grad m aus R mit g^m und jede Form vom Grad m aus S mit g^{-m} multipliziert wird. Das Tensorprodukt $R \otimes S = k[x_1,\dots,x_n,y_1,y_2]/(x_1^n+\dots x_n^n)$ ist F-rein (bzw. besitzt eine Darstellung von relativem graduiertem F-reinem Typ), man vergleiche 5.21 und 5.30 aus |31|. Darüber hinaus sind alle weiteren Voraussetzungen von 5.1.1 erfüllt, so dass $(R \otimes S)^G$ ein Buchsbaum-Ring ist. Man überzeugt sich leicht davon, dass $(R \otimes S)^G$ gerade das Segre-Produkt von R und S ist. Da R "improper" im Sinne von |8| ist, erhalten wir einen Buchsbaum-Ring, der kein Cohen-Macaulay-Ring ist, vergleiche hierzu 5.2.2.

Von allgemeinerem Interesse wäre es, "depth" für die Ringe in 5.1.1 zu berechnen, was an dieser Stelle offen bleiben muss.

(b) Man könnte vermuten, dass man auch Buchsbaum-Ringe als Ringe von Invarianten von endlichen Gruppen erhält, die auf regulären Ringen operieren. Das ist nicht der Fall. Hierzu betrachten wir das Beispiel von M.J. Bertin aus |5|:

Sei k ein algebraisch abgeschlossener Körper der Charakteristik 2 . Auf $R = k[x_1,x_2,x_3,x_4]$ operiere die zyklische Gruppe G der Ordnung 4 durch zyklisches Vertauschen der Unbestimmten. Dann ist nach |5| und |15| $S = R^G$ ein faktorieller Ring mit

$$\text{depth } S + 1 = \dim S = 4 .$$

Wenn S ein Buchsbaum-Ring wäre, würde er S_3 erfüllen, was nach 3.2.6 einen Widerspruch ergibt. Dass S kein Cohen-Macaulay-Ring ist, wurde mit elementaren Ueberlegungen in |71| gezeigt.

5.2. Segre-Produkte

Seien R_j , $j = 1,2$, zwei graduierte k-Algebren über einem Körper k . Dann bezeichne S das Segre-Produkt von R_1 und R_2 , das ist der von den Biformen vom Grad (n,n) in $R_1 \otimes_k R_2$ aufgespannte Ring, also $S_n = [R_1]_n \dot{\otimes}_k [R_2]_n$ für alle $n \in \mathbb{Z}$. In |8| wurde von W.L. Chow bewiesen, dass S dann und nur dann ein Cohen-Macaulay-Ring ist, wenn R_1 und R_2 sogenannte propere Cohen-Macaulay-Ringe sind. Wir wollen einen Teil dieser Aussage auf die Buchsbaum-Situation übertragen. Hierzu sei $(X_j,\mathcal{O}_{X_j}) = \text{Proj}(R_j)$, $j = 1,2$, und $(W,\mathcal{O}_W) =$ $= \text{Proj}(S)$, dann gilt

$$W \cong X_1 \times_k X_2 \quad \text{und} \quad \mathcal{O}_W(n) \cong p_1^* \mathcal{O}_{X_1}(n) \otimes_k p_2^* \mathcal{O}_{X_2}(n) ,$$

wobei p_j , $j = 1,2$, die kanonischen Projektionen

$$p_j : W \longrightarrow X_j$$

bezeichne. Nach |30, 14| ist für einen Cohen-Macaulay-Ring die Aussage R_j ist proper im Sinne von W.L. Chow äquivalent zu

$$H^{d_j}(X_j,\mathcal{O}_{X_j}(n)) = 0 \quad \text{für} \quad n \geqq 0 \quad \text{und} \quad d_j = \dim X_j > 0 .$$

<u>Satz 5.2.1.</u> Sei $r \geqq 0$ eine ganze Zahl, so dass für $j = 1,2$ folgende Voraussetzungen erfüllt sind:

(a) Die kanonische Abbildung

$$[R_j]_n \longrightarrow H^0(X_j,\mathcal{O}_{X_j}(n))$$

ist bijektiv für alle $n \neq r$.

(b) $$H^i(X_j,\mathcal{O}_{X_j}(n)) = 0 \quad \text{für alle} \quad n \neq r \quad \text{und} \quad 0 < i < \dim X_j .$$

(c) $$H^{d_j}(X_j,\mathcal{O}_{X_j}(n)) = 0 \quad \text{für alle} \quad n \geqq 0 \quad \text{und} \quad n \neq r .$$

Dann ist W arithmetisch Buchsbaum und erfüllt die Bedingungen (a), (b) und (c).

Beweis. In Hinblick auf 4.3.2 genügt es, sich zum Nachweis der Behauptungen davon zu überzeugen, dass die Aussagen (a), (b) und (c) für die Kohomologie von W zutreffen. Wenn man die Künneth-Formel

$$H^s(W,\mathcal{O}_W(n)) \cong \bigoplus_{a+b=s} H^a(X_1,\mathcal{O}_{X_1}(n)) \otimes H^b(X_2,\mathcal{O}_{X_2}(n))$$

benutzt, ergeben sich die Aussagen durch einfache Berechnungen. □

Die Aussage 5.2.1 lässt sich auch leicht für die graduierten lokalen Kohomologiemoduln formulieren, worauf wir hier verzichten wollen. In Anwendung von 5.2.1 kann man zeigen, dass Segre-Produkte von gewissen improperen Cohen-Macaulay-Ringen gerade Buchsbaum-Ringe ergeben.

Beispiel 5.2.2. Sei k ein algebraisch abgeschlossener Körper der Charakteristik 0. Sei $R_1 = k[x_0,\dots,x_n]/(x_0^{n+1}+\dots+x_n^{n+1})$ und $R_2 = k[y_0,\dots,y_m]$ mit $n \geqq 2$ und $m \geqq 1$, dann gilt mit den obigen Bezeichnungen $H^{n-1}(X_1, \mathcal{O}_{X_1}) \neq 0$, und R_1 ist ein improperer Cohen-Macaulay-Ring. Wir betrachten das Segre-Produkt S von R_1 und R_2. Aus 5.2.1 erhalten wir mit $r = 0$, dass S ein Buchsbaum-Ring mit $\dim S = m + n$ und $\operatorname{depth} S = n$ ist. Seien $d > t \geqq 2$ vorgegebene ganze Zahlen. Wenn wir $n = t$ und $m = d - t$ wählen, erhalten wir mit S einen normalen Buchsbaum-Ring von vorgegebener Dimension d und Tiefe t. Hierbei ergibt sich die Normalität, weil $(W, \mathcal{O}_W) = \operatorname{Proj}(S)$ unter den Voraussetzungen singularitätenfrei ist.

Eine andere Möglichkeit der Konstruktion normaler Buchsbaum-Ringe mit vorgegebener Dimension und Tiefe erhält man mit Resultaten von E.G. Evans Jr. und P.A. Griffith |11|:

Sei k ein unendlicher Körper und $R = k[x_0,\dots,x_n]$, mit $n \geqq 3$. Angenommen, $2 \leqq t_1 < \dots < t_s \leqq n$ ist eine Folge von ganzen Zahlen und $L_1,\dots,L_s$ sind graduierte R-Moduln endlicher Länge. Dann existiert nach |11| ein homogenes Primideal p, so dass $H^i_m(R/p)$ für i verschieden von $t_1-1,\dots,t_s-1,n-1$ verschwindet und $H_m^{t_j-1}(R/p) \cong L_j$ für $j = 1,\dots,s$ gilt. Wenn $t_1 \geqq 3$, dann kann p so gewählt werden, dass R/p normal ist.

Hiernach wählen wir L_j so, dass $H_m^{t_j-1}(R/p) \cong k(0)$ für $j = 1,\dots,s$ gilt, und erhalten mit 4.3.1 Buchsbaum-Ringe, die für $t_1 \geqq 3$ normal sind und ansonsten beliebig vorgegebene nichtverschwindende lokale Kohomologiemoduln besitzen.

In der Arbeit (S. Goto: On Buchsbaum rings, J. of Algebra 67 (1981), 272-279) benutzte S. Goto die Konstruktion von E.G. Evans Jr. und P.A. Griffith, um Buchsbaum-Ringe vom selben Typ zu konstruieren. Sein Nachweis der Buchsbaum-Eigenschaft folgt einem direkten, rechnerischen Argument. Mit dem "Prinzip der Idealisierung" kann er ferner die Existenz von d-dimensionalen Buchsbaum-Ringen A mit

$$\dim_k H^i_{\mathfrak{m}}(A) = h_i \ , \quad 0 \leq i < d \ ,$$

für gegebene nicht negative ganze Zahlen $h_o, h_1, \ldots, h_{d-1}$ zeigen.

5.3. Veronesesche Einbettungen und Projektionen Veronesescher Varietäten

Sei R eine graduierte k-Algebra über einem beliebigen Körper k und $m \geq 1$ eine ganze Zahl, dann bezeichnen wir mit

$$R^{(m)} = \bigoplus_{n \geq o} R_{mn}$$

die Veronesesche Einbettung (oder den Veroneseschen Unterring) der Ordnung m von R. Wir betrachten $R^{(m)}$ durch $[R^{(m)}]_n = R_{mn}$ als graduierten Ring.

Satz 5.3.1. Sei $\dim R \geq 1$ und $(X, \mathcal{O}_X) = \mathrm{Proj}(R)$ das entsprechende projektive k-Schema, dann sind folgende Bedingungen äquivalent:

(i) $(X, \mathcal{O}_X)$ ist ein reindimensionales Cohen-Macaulay-Schema.

(ii) Es gibt eine ganze Zahl $n_o \geq 0$, so dass gilt

$$H^o(X, \mathcal{O}_X(n)) = 0 \quad \text{für alle} \quad n \leq -n_o \quad \text{und}$$

$$H^i(X, \mathcal{O}_X(n)) = 0 \quad \text{für alle} \quad |n| \geq n_o \quad \text{und} \quad 0 < i < \dim X \ .$$

(iii) Für eine positive ganze Zahl m ist $R^{(m)}$ ein Buchsbaum-Ring.

(iv) Für jede ganze Zahl $m >> 0$ ist $R^{(m)}$ ein Buchsbaum-Ring.

Beweis. Die Voraussetzungen in (i) sind dazu äquivalent, dass $R_{\mathfrak{p}}$ für alle vom irrelevanten Ideal verschiedenen Primideale $\mathfrak{p}$ ein Cohen-Macaulay-Ring und R äquidimensional ist. (Hierzu wird benutzt, dass $\mathfrak{m}$ von R_1 erzeugt wird, vergleiche |30, 3.3|.) Letzteres ist beispielsweise nach |55| dazu äquivalent, dass

$$H^i_{\mathfrak{m}}(R) \quad \text{für} \quad 0 \leqq i \leqq \dim X$$

endliche Länge besitzt, woraus die Aequivalenz von (i) und (ii) folgt. Nun ist $(\square)^{(m)}$ auf der Kategorie der graduierten R-Moduln ein exakter Funktor, was

$$[H^i_{\mathfrak{m}(m)}(R^{(m)})]_n \cong [H^i_{\mathfrak{m}}(R)]_{nm}$$

nach sich zieht. Wenn wir jetzt $m \geqq n_0$ wählen, erhalten wir

$$H^i_{\mathfrak{m}(m)}(R^{(m)}) = [H^i_{\mathfrak{m}(m)}(R^{(m)})]_0$$

für $0 \leqq i < \dim R$, was in Hinblick auf 4.3.1 die Implikation (ii) $\Longrightarrow$ (iv) beweist. Wir zeigen nun (iii) $\Longrightarrow$ (ii). Dazu genügt es,

$$[H^i_{\mathfrak{m}}(R)]_{-n} = 0 \quad \text{für} \quad n \gg 0 \quad \text{und} \quad 0 \leqq i < \dim R$$

zu beweisen. Die k-Dimension von $[H^i_{\mathfrak{m}}(R)]_{-n}$ für $n \gg 0$ ist durch ein Polynom in n gegeben. Wenn $R^{(m)}$ ein Buchsbaum-Ring ist, wissen wir für $0 \leqq i < \dim R$

$$[H^i_{\mathfrak{m}(m)}(R^{(m)})]_{-n} \cong [H^i_{\mathfrak{m}}(R)]_{-nm} = 0$$

für alle $n \gg 0$, da die Kohomologiemoduln endliche Länge besitzen. Das bedeutet aber gerade $[H^i_{\mathfrak{m}}(R)]_{-n} = 0$ für alle ganzen Zahlen $n \gg 0$. $\square$

Korollar 5.3.2. Wenn R eine der äquivalenten Bedingungen aus 5.3.1 erfüllt, dann gilt für $m >> 0$

$$H_{\mathfrak{m}}^{i(m)}(R^{(m)}) \cong [H_{\mathfrak{m}}^{i}(R)]_0 \quad \text{für} \quad 0 \leqq i < \dim R .$$

Folglich ist $R^{(m)}$ kein Cohen-Macaulay-Ring, wenn eine ganze Zahl i mit $0 \leqq i < \dim R$ existiert, so dass $[H_{\mathfrak{m}}^{i}(R)]_0 \neq 0$ ist. Der Satz 5.3.1 hat darüber hinaus eine interessante Anwendung: Die Veronese-Einbettung glättet ein rein-dimensionales Cohen-Macaulay-k-Schema zu einem arithmetischen Buchsbaum-k-Schema.

Sei M_{dm} die Semigruppe von Monomen in den Unbestimmten $t_0,\ldots,t_d$, die durch

$$1,\ t_0^{i_0} \ldots t_d^{i_d} ,\quad \sum_{n=0}^{d} i_n = m ,$$

erzeugt wird. Für einen beliebigen Körper k bezeichne $R_{dm} = k[M_{dm}]$ den zugehörigen Ring, das ist der Koordinatenring des Bildes von $\mathbb{P}_k^d$ in $\mathbb{P}_k^N$, $N = \binom{m+d}{d} - 1$, bei der Veronese-Einbettung. Für $i = (i_0,\ldots,i_d)$ bezeichne M_{dm}^{i} die Untersemigruppe von M_{dm}, die von

$$1,\ t_0^{j_0} \ldots t_d^{j_d} \quad \text{mit} \quad \sum_{n=0}^{d} j_n = m \quad \text{und} \quad i \neq (j_0,\ldots,j_d)$$

erzeugt wird. Der graduierte Ring $R_{dm}^{i} = k[M_{dm}^{i}]$ ist gerade der Koordinatenring der Projektion der Veroneseschen Varietät V_{dm} aus dem uneigentlichen Punkt auf die Hyperebene $x_{(i)} = 0$. Nach Vertauschen der Variablen können wir

$$m \geqq i_0 \geqq \ldots \geqq i_d \geqq 0$$

voraussetzen. Der Kürze wegen schreiben wir $i = 0$ für $(m,0,\ldots,0)$ und $i = 1$ für $(m-1,1,0,\ldots,0)$. Um triviale Fälle auszuschliessen, setzen wir $d \geqq 1$ und $m \geqq 2$ voraus. Beispielsweise ist der Ring $R_{14}^{(2,2)}$ der Koordinatenring des Primideals von F.S. Macaulay aus |37|, den man unschwer als Buchsbaum-Ring identifiziert. Im folgenden wollen wir die lokale Kohomologie der einfachen Projektionen Veronesescher Varietäten berechnen, die zeigt, dass "fast alle" der zugehörigen Ringe Buchsbaum-Ringe sind. Das beantwortet insbesondere eine Frage von W. Gröbner aus |19| nach der Klassifizierung einfacher Projektionen Veronesescher Varietäten.

Satz 5.3.3. Sei $i \neq 0,1$, dann hat der graduierte Ring R^i_{dm} die folgenden Eigenschaften:

(a) depth $R^i_{dm} = 1$.

(b) R^i_{dm} ist ein Buchsbaum-Ring mit $C(R^i_{dm}) = d$, der Differenz von Länge und Multiplizität eines Parametersystems.

(c) Für die Kohomologie von $X = V(\upsilon^i_{dm}) \subset \mathbb{P}^{N-1}_k$ haben wir:

	$\dim_k \square$			
n	$[R^i_{dm}]_n$	$H^0(X,\mathcal{O}_X(n))$	$H^r(X,\mathcal{O}_X(n)), 1 \leq r < d$	$H^d(X,\mathcal{O}_X(n))$
≤ -1	0	0	0	$(-1)^d\binom{mn+d}{d}$
0	1	1	0	0
1	$\binom{m+d}{d} - 1$	$\binom{m+d}{d}$	0	0
≥ 2	$\binom{mn+d}{d}$	$\binom{mn+d}{d}$	0	0

Beweis. Wir skizzieren hier den Nachweis der Behauptungen. Für ausführlichere Erörterungen verweisen wir auf |56|. Für die Hilbert-Funktion $H(t,R^i_{dm})$ gilt für $i \neq 0,1$

$$H(t,R^i_{dm}) = \begin{cases} \binom{m+d}{d} - 1 & \text{für } t = 1 \text{ und} \\ \binom{mt+d}{d} & \text{für } t = 0,2,3,\ldots . \end{cases}$$

Wir haben die Inklusion $0 \longrightarrow R^{i}_{dm} \longrightarrow R_{dm}$. Tatsächlich ist R_{dm} gerade die Normalisierung von R^{i}_{dm} . Nun gilt bekanntlich $H(t,R_{dm}) = \binom{mt+d}{d}$ für alle $t \geqq 0$, so dass wir für den Kokern N der obigen Inklusion $N \cong k(-1)$ erhalten. Mit Hilfe der langen lokalen Kohomologiesequenz ergibt sich damit leicht die Behauptung (c) , woraus die übrigen Aussagen unmittelbar folgen. □

Damit sind bis auf die Cohen-Macaulay-Ringe alle nicht-trivialen Buchsbaum-Ringe, die als einfache Projektionen Veronesescher Varietäten auftreten, beschrieben.

<u>Satz 5.3.4.</u> (a) Die graduierten Ringe R^{o}_{dm}, R^{1}_{1m} und R^{1}_{22} sind Cohen-Macaulay-Ringe.

(b) Für die lokale Kohomologie von $R = R^{1}_{dm}$, $m \geqq 3$, $d \geqq 2$ gilt:

n	$\dim_k$ □ $[H^1_m(R)]_n$	$[H^2_m(R)]_n$	$[H^r_m(R)]_n, 2<r\leqq d$	$[H^{d+1}_m(R)]_n$
$\leqq -1$	0	1	0	$(-1)^d\binom{mn+d}{d}$
0	0	1	0	0
$\geqq 1$	0	0	0	0

(c) Für die lokale Kohomologie von $R = R^{1}_{d2}$, $d \geqq 3$, gilt:

n	$\dim_k$ □ $[H^r_m(R)]_n, 0\leqq r<3$	$[H^3_m(R)]_n$	$[H^r_m(R)]_n, 3<r\leqq d$	$[H^{d+1}_m(R)]_n$
$\leqq -1$	0	$-n$	0	$(-1)^d\binom{2n+d}{d}$
0	0	0	0	1
$\geqq 1$	0	0	0	0

Für den Nachweis der Cohen-Macaulay-Eigenschaft in nichttrivialen Fällen verweisen wir auf |19| und |56|. Die Berechnung der lokalen Kohomologiemoduln erfolgt wie im Beweis der vorangehenden Satzes. Bei mehrfachen Projektionen entstehen etwas kompliziertere Situationen, wie die Beispiele in |56| belegen.

Die in 5.3.3 dargelegten Beispiele sind spezielle affine Semigruppen-Ringe. Kürzlich hat S. Goto: On the Macaulayfication of certain Buchsbaum rings. Nagoya J. Math. 80 (1980), 107-116, eine vollständige Charakterisierung der affinen Semigruppen-Ringe gegeben, die Buchsbaum-Ringe sind. Es zeigt sich insbesondere, dass für derartige Buchsbaum-Ringe A fast alle lokalen Kohomologie-Moduln verschwinden, d.h.

$$H^i_{\mathfrak{m}}(A) = 0 \quad \text{für} \quad i \neq 1 \ , \ \dim A \ .$$

Das sind also Buchsbaum-Ringe vom in 1.2 betrachteten Typ.

5.4. Abelsche Varietäten und faktorielle Buchsbaum-Ringe

In diesem Abschnitt bezeichne X eine abelsche Varietät, die über einem beliebigen Grundkörper k definiert ist. Für grundlegende Begriffe über abelsche Varietäten verweisen wir auf die zusammenfassende Darstellung von D. Mumford in |46|. Sei $\mathcal{L}$ eine sehr geräumige, invertierbare Garbe auf X. Wir definieren die graduierte k-Algebra

$$R = \bigoplus_{n \in \mathbb{Z}} H^0(X, \mathcal{L}^{\otimes n})$$

mit der natürlichen induzierten Ringstruktur und der Graduierung

$$R_i = H^0(X, \mathcal{L}^{\otimes i}) \quad \text{für} \quad i \in \mathbb{Z} \ .$$

R ist gerade der affine Kegel über der durch die globalen Schnitte von $\mathcal{L}$ definierten Einbettung in einen projektiven Raum.

Satz 5.4.1. Sei X eine g-dimensionale abelsche Varietät und $\mathcal{L}$ eine sehr geräumige invertierbare Garbe auf X, dann ist R ein Buchsbaum-Ring mit $\dim R = g + 1$.

Beweis. Mit den Resultaten aus |46, § 16| erhalten wir für das Verschwinden der Kohomologie $H^i(X,\mathcal{L}^{\otimes n})$

$$H^i(X,\mathcal{L}^{\otimes n}) = 0 \quad \text{für} \quad 0 < i < \dim X \quad \text{und alle} \quad n \neq 0 .$$

Nun überzeugt man sich leicht von

$$[H^{i+1}_{m}(R)]_n \cong H^i(X,\mathcal{L}^{\otimes n}) \quad \text{für} \quad 1 \leq i < \dim X = g \quad \text{und}$$

$$H^i_{m}(R) = 0 \quad \text{für} \quad i = 0,1 .$$

Man vergleiche hierzu auch Remark 1.4 und den Beweis von Proposition 1.7 von |43|. Mit dem Kriterium 4.3.1 erhalten wir hieraus, dass R ein Buchsbaum-Ring ist. Die Aussage über die Dimension von R ist trivial. □

Sei C irgendeine nicht-singuläre projektive Kurve über einem Körper k vom Geschlecht $g \geq 1$, dann ist die zu C gehörende Jacobische Varietät J eine g-dimensionale abelsche Varietät. Wegen $\dim_k H^1(J,\mathcal{O}_J) = g$ erhalten wir dann nach dem eben beschriebenen Verfahren Buchsbaum-Ringe mit $\dim R = g + 1$ und $\operatorname{depth} R = 2$.

In |43| hat S. Mori für einen Körper k der Charakteristik Null über dem Funktionenkörper $k(t)$ Kurven vom Geschlecht g für irgendeine ganze Zahl $g \geq 1$ konstruiert, für den der zu der Jacobischen Varietät und ihrem Thetadivisor gehörende graduierte Ring R ein faktorieller Ring ist, vergleiche hierzu Beispiel 2.3 aus |43|. Nach den obigen Ueberlegungen erhalten wir mit R faktorielle graduierte Buchsbaum-Ringe mit

$$\dim R = g + 1 \quad \text{und} \quad \operatorname{depth} R = 2 \ .$$

Beispiele von faktoriellen Ringen, die keine Cohen-Macaulay-Ringe sind, findet man auch in |17|. Es handelt sich hierbei um die lokalen Ringe in den Spitzen Hilbertscher Modulgruppen. Von diesen zeigt R. Kiehl in |35|, dass es sich ebenfalls um Buchsbaum-Ringe handelt, und zwar um solche von der Dimension 60 und der Tiefe 3.

5.5. Kanonischer Modul und Liaison von Buchsbaum-Ringen

In |35| zeigte R. Kiehl, dass der kanonische Modul K_A eines lokalen Ringes A mit dualisierendem Komplex $D^\cdot$ ein Buchsbaum-Modul ist, falls $\tau_{-d} D^\cdot$ für $d = \dim A$ zu einem Komplex von k-Vektorräumen isomorph ist. Wir wollen das hier für A-Moduln formulieren und eine partielle Umkehrung beweisen. In der Terminologie knüpfen wir an 4.1 und 4.2 an. Sei A ein lokaler Ring mit dualisierendem Komplex $D^\cdot$, dann haben wir die kurze exakte Sequenz von Komplexen

$$0 \longrightarrow K_M[n] \longrightarrow \operatorname{Hom}(M,D^\cdot) \longrightarrow \tau_{-n} \operatorname{Hom}(M,D^\cdot) \longrightarrow 0$$

für einen endlich erzeugten A-Modul M mit $n = \dim M$.

Satz 5.5.1. Sei M ein Buchsbaum-Modul, dann gilt das auch von dem kanonischen Modul K_M . Wenn M die Bedingung S_2 erfüllt, dann ist auch die Umkehrung dieser Aussage gültig.

Beweis. Wir gehen von der obigen exakten Sequenz von Komplexen aus und wenden den Funktor $\underline{R}\Gamma_{m}(\square)$ an. Dann folgt

$$0 \longrightarrow \underline{R}\Gamma_{m}(K_M[n]) \longrightarrow \operatorname{Hom}(M,E) \longrightarrow \underline{R}\Gamma_{m}(\tau_{-n}\operatorname{Hom}(M,D^\cdot)) \longrightarrow 0 \ .$$

Somit ist $\underline{R}\Gamma_m(\tau_{-n}\mathrm{Hom}(M,D^\bullet))$ in $D(A)$ isomorph zum Abbildungskegel von $\underline{R}\Gamma_m(K_M[n]) \longrightarrow \mathrm{Hom}(M,E)$. Damit ergibt sich nach einigen einfachen Umformungen

$$\tau^{-1}\ \underline{R}\Gamma_m(\tau_{-n}\mathrm{Hom}(M,D^\bullet)) \xrightarrow{\sim} (\tau^{n}\ \underline{R}\Gamma_m(K_M))[n+1] .$$

Sei nun M ein Buchsbaum-Modul, dann ist nach 4.1.2

$$\tau_{-n}\ \mathrm{Hom}(M,D^\bullet)$$

in $D(A)$ isomorph zu einem Komplex von k-Vektorräumen. Mit dem angegebenen Isomorphismus erhalten wir dann nach 4.1.2, dass K_M ein Buchsbaum-Modul ist. Wenn umgekehrt K_M ein Buchsbaum-Modul ist, gilt insbesondere: $(K_M)_p$ ist für alle $p \in \mathrm{Supp}\ K_M \setminus \{m\}$ ein Cohen-Macaulay-Modul. Mit 3.2.2 und 3.2.4 ist unter der zusätzlichen Voraussetzung an M dann M_p ein Cohen-Macaulay-Modul für alle $p \in \mathrm{Supp}\ M \setminus \{m\}$, d.h. die Kohomologie von $\tau_{-n}\ \mathrm{Hom}(M,D^\bullet)$ hat endliche Länge.
Wegen S_2 für M gilt

$$\tau_{-n}^{-1}\ \mathrm{Hom}(M,D^\bullet) \xrightarrow{\sim} \tau_{-n}\ \mathrm{Hom}(M,D^\bullet) ,$$

so dass aus dem Isomorphismus folgt:

$$\tau_{-n}\ \mathrm{Hom}(M,D^\bullet)$$

ist in $D(A)$ isomorph zu einem Komplex von k-Vektorräumen. Das beweist nach 4.1.2 die Behauptung. □

Wie man sich wieder am Beispiel 2-dimensionaler A-Moduln überlegt, bleibt der zweite Teil der Behauptung von 5.5.1 nicht gültig, wenn man auf eine zusätzliche Bedingung an M verzichtet. Das trifft auch zu, wenn man K_M sogar als Cohen-Macaulay-Modul voraussetzt.

In 3.3 haben wir gesehen, dass sich die lokalen Kohomologiemoduln des kanonischen Moduls für ein Ideal in einem Gorenstein-Ring durch die lokalen Kohomologiemoduln des zu diesem liierten Ideals ausdrük-ken lassen. Mit den Bezeichnungen aus 3.3 wollen wir hier eine Aussage zur Buchsbaum-Eigenschaft zueinander liierter Ideale beweisen.

Satz 5.5.2. Seien die Ideale $\mathfrak{a},\mathfrak{b}$ des Gorenstein-Ringes R über dem vollständigen Durchschnitt $\underline{x}$ liiert. Dann ist $R/\mathfrak{a}$ dann und nur dann ein Buchsbaum-Ring, wenn das für $R/\mathfrak{b}$ zutrifft. Für die lokalen Kohomologiemoduln gilt unter diesen Voraussetzungen

$$H^i_{\mathfrak{m}}(R/\mathfrak{a}) \cong \mathrm{Hom}(H^{n-i}_{\mathfrak{m}}(R/\mathfrak{b}),E)$$

für $0 < i < n$ mit $n = \dim R/\mathfrak{a} = \dim R/\mathfrak{b}$.

Beweis. Da R ein Gorenstein-Ring ist, gilt $R \xrightarrow{\sim} D^{\cdot}_R[-d]$ in $D(R)$. Daraus ergibt sich das kommutative Diagramm mit exakten Zeilen

$$\begin{array}{ccccccccc}
0 & \longrightarrow & K_{\mathfrak{a}}[-g] & \longrightarrow & \underline{R}\,\mathrm{Hom}(R/\underline{x},R) & \longrightarrow & R/_{\mathfrak{b}}[-g] & \longrightarrow & 0 \\
 & & \Vert & & \uparrow & & \uparrow f & & \\
0 & \longrightarrow & K_{\mathfrak{a}}[-g] & \longrightarrow & \underline{R}\,\mathrm{Hom}(R/\mathfrak{a},R) & \longrightarrow & M^{\cdot} & \longrightarrow & 0
\end{array}$$

mit $M^{\cdot} = \tau_{-g}\,\underline{R}\,\mathrm{Hom}(R/\mathfrak{a},R)$, wobei die Abbildung f in der üblichen Weise konstruiert ist und $g = \dim R - n$ gilt. Dabei ergibt sich die obere Zeile des Diagramms wegen

$$R/\underline{x} \xrightarrow{\sim} \underline{R}\,\mathrm{Hom}(R/\underline{x},R)[+g]$$

aus der kanonischen exakten Sequenz

$$0 \longrightarrow K_{\mathfrak{a}} \longrightarrow R/\underline{x} \longrightarrow R/\mathfrak{b} \longrightarrow 0 .$$

Nun wenden wir auf das Diagramm den Funktor $\underline{R}\,\mathrm{Hom}(\square,R)$ an. Dabei wollen wir zeigen, dass

$$\tau_0\,\underline{R}\,\mathrm{Hom}(R/\mathfrak{b}[-g],R) \longrightarrow \underline{R}\,\mathrm{Hom}(\tau_{-g}\,\underline{R}\,\mathrm{Hom}(R/\mathfrak{a},R),R)$$

in $D(R)$ ein Isomorphismus ist. Hierzu betrachten wir die dadurch induzierte Abbildung der Kohomologiemoduln. Dann erhalten wir das kommutative Diagramm mit exakten Zeilen

$$\begin{array}{ccccccccc}
0 \longrightarrow & \operatorname{Ext}_R^g(R/\mathfrak{b},R) & \longrightarrow & R/\underline{x} & \longrightarrow & \operatorname{Ext}_R^g(K_\mathfrak{a},R) & \longrightarrow & \operatorname{Ext}_R^{g+1}(R/\mathfrak{b},R) & \longrightarrow 0 \\
& \downarrow & & \downarrow & & \| & & \downarrow & \\
0 \longrightarrow & H^0(\underline{R}\operatorname{Hom}(M^\bullet,R)) & \longrightarrow & R/\mathfrak{a} & \longrightarrow & \operatorname{Ext}_R^g(K_\mathfrak{a},R) & \longrightarrow & H^1(\underline{R}\operatorname{Hom}(M^\bullet,R)) & \longrightarrow 0
\end{array}$$

und für $i \geqq 1$ Isomorphismen

$$\begin{array}{ccc}
\operatorname{Ext}_R^{g+1}(K_\mathfrak{a},R) & \xrightarrow{\sim} & \operatorname{Ext}_R^{g+i+1}(R/\mathfrak{b},R) \\
\| & & \downarrow \\
\operatorname{Ext}_R^{g+1}(K_\mathfrak{a},R) & \xrightarrow{\sim} & H^{i+1}(\underline{R}\operatorname{Hom}(M^\bullet,R))
\end{array} .$$

Durch Aufbrechen der ersten Zeile des obigen Diagramms erhält man insgesamt

$$\operatorname{Ext}_R^{g+i}(R/\mathfrak{b},R) \cong H^i(\underline{R}\operatorname{Hom}(M^\bullet,R))$$

für $i \geqq 1$, was den behaupteten Isomorphismus in $D(R)$ beweist. Sei nun $R/\mathfrak{a}$ ein Buchsbaum-Ring, dann ist wegen 4.1.2

$$\tau_{-g}\ \underline{R}\operatorname{Hom}(R/\mathfrak{a},R)$$

in $D(R)$ isomorph zu einem Komplex von k-Vektorräumen, was damit auch für den Komplex

$$\tau_{-g}\ \underline{R}\operatorname{Hom}(R/\mathfrak{b},R)$$

gilt, d.h. $R/\mathfrak{b}$ ist ein Buchsbaum-Ring. Die Umkehrung dieser Aussage erhält man, indem $\mathfrak{a}$ und $\mathfrak{b}$ vertauscht werden. □

Die zuletzt bewiesene Aussage gestattet es, aus gegebenen Buchsbaum-Ringen weitere zu konstruieren. Man überzeugt sich beispielsweise leicht davon, dass das Primideal von F.S. Macaulay in $k[x_0,x_1,x_2,x_3]$

$$\mathfrak{p} = (x_0 x_3 - x_1 x_2, x_0^2 x_2 - x_1^3, x_0 x_2^2 - x_1^2 x_3, x_1 x_3^2 - x_2^3)$$

mit dem 2-Ebenen-Beispiel

$$\mathfrak{a} = (x_0, x_1) \cap (x_2, x_3)$$

über dem vollständigen Durchschnitt $\underline{x} = (x_0 x_3 - x_1 x_2, x_0 x_2^2 - x_1^2 x_3)$ liiert ist. Da $\mathfrak{a}$ einen Buchsbaum-Ring definiert, erhält man einen Beweis, dass $\mathfrak{p}$ arithmetisch Buchsbaum ist. Allgemeiner definieren die in 3.5.5 betrachteten Kurven Buchsbaum-Ringe.

6. Simpliziale Komplexe und Kombinatorik

Zwischen den von quadratfreien Monomen eines homogenen Polynomringes erzeugten Idealen und den endlichen simplizialen Komplexen besteht eine eindeutige Zuordnung, die es ermöglicht, kombinatorische Fragestellungen mit Methoden der kommutativen und homologischen Algebra zu bearbeiten. Wir skizzieren in 6.1 die auf M. Hochster |29|, G.A. Reisner |52| und R.P. Stanley |68| zurückgehenden grundsätzlichen Begriffe dieser Methode. Dabei bestimmen wir insbesondere die Hilbert-Funktion des dem simplizialen Komplex Δ zugeordneten Ringes $k[\Delta]$ durch die Anzahl f_i der i-Seiten des simplizialen Komplexes Δ, vergleiche 6.1.2.

In 4.4.5 haben wir gesehen, dass gewisse von quadratfreien Monomen erzeugte Ideale eines homogenen Polynomringes Buchsbaum-Ringe definieren. Mit den Ueberlegungen aus 6.1 gelingt uns in 6.2.1 eine genaue Charakterisierung solcher Buchsbaum-Ringe durch die kombinatorische Natur des zugeordneten simplizialen Komplexes Δ, insbesondere durch dessen reduzierte simpliziale Homologie. Es zeigt sich beispielsweise, dass $k[\Delta]$ ein Buchsbaum-Ring ist, wenn die geometrische Realisierung $|\Delta|$ von Δ eine Mannigfaltigkeit ist. Ausgehend von Mannigfaltigkeiten ermöglicht uns dies, eine Reihe von Buchsbaum-Ringen zu konstruieren, deren Eigenschaften von der Charakteristik des zugrundeliegenden Körpers abhängen, vergleiche hierzu 6.2.3. Indem Resultate von G.A. Reisner aus |52| benutzt werden, zeigen wir, dass der abgeschnittene dualisierende Komplex $\tau_{-d} D^{\cdot}$ für einen solchen Ring $k[\Delta]$ mit dem abgeschnittenen und um eine Stelle nach links verschobenen simplizialen Kettenkomplex $C_{\cdot}(\Delta,k)$ von Δ mit Koeffizienten in k übereinstimmt. Für diese "klassische" Beschreibung des dualisierenden Komplexes in der abgeleiteten Kategorie verweisen wir auf 6.2.1.

In 6.3 wenden wir diese Resultate auf eine Abschätzung der Anzahl der Seiten simplizialer Komplexe an. Die sogenannte "Upper Bound Conjecture" hat für den Fall konvexer Polytope grosses Aufsehen erregt, man vergleiche beispielsweise die Arbeiten von V. Klee |36|, P. McMullen |41|, |42| und R.P. Stanley |68|. Wir finden über konvexe Polytope hinaus einen Zugang für Mannigfaltigkeiten, der Abschätzungen in Abhängigkeit der simplizialen Kohomologie ermöglicht. Mit 6.3.2 geben wir damit eine Teilantwort auf ein Problem von V. Klee aus |36| an. Ueberraschenderweise hängt der Beweis dieses Resultats von der Reinheit des Frobenius für Primzahlcharakteristik ab. Wir beschliessen diese kombinatorischen Betrachtungen mit einem Beweis der Dehn-Sommerville-Gleichungen für konvexe simpliziale Polytope, die die bekannte Eulersche Beziehung weiterentwickeln. Tatsächlich beweisen wir diese Gleichungen nicht nur für konvexe Polytope, sondern für sogenannte Gorenstein-Komplexe. Bei dem Beweis der gut bekannten Beziehungen benutzen wir ausschliesslich Ueberlegungen der kommutativen und homologischen Algebra, was noch einmal deren kraftvolle Wirkung in der Kombinatorik unterstreichen soll.

6.1. Quadratfreie Potenzproduktideale und simpliziale Komplexe

Sei Δ ein (abstrakter) endlicher simplizialer Komplex mit den Ecken $x_o,\ldots,x_n$, das ist eine Familie von Untermengen von $\{x_o,\ldots,x_n\}$ mit folgenden Eigenschaften:

(a) Wenn σ in Δ liegt und τ eine Untermenge von σ ist, dann gehört τ zu Δ .

(b) Die Ecken $\{x_o\},\ldots,\{x_n\}$ sind in Δ .

Im folgenden bezeichne Σ die Menge aller Untermengen von

$\{x_o,\ldots,x_n\}$.

Sei andererseits $R = k[X_o,\ldots,X_n]$ der homogene Polynomring in den Unbestimmten $X_o,\ldots,X_n$ über dem Körper k . Wir betrachten in R die Menge F derjenigen Ideale, die von quadratfreien Monomen in den Unbestimmten erzeugt werden können. Sei $\Delta \subset \Sigma$ ein simplizialer Komplex, dann definieren wir $I_\Delta \in F$ als dasjenige Ideal, welches von den Monomen der Gestalt

$$X_{i_o}\ldots X_{i_r}\ ,\ i_o < \ldots < i_r\ ,\quad \text{mit}\quad \{x_{i_o},\ldots,x_{i_r}\} \notin \Delta$$

erzeugt wird. Wir schreiben dann $k[\Delta] = R/I_\Delta$, und erhalten eine graduierte k-Algebra. Sei $\mathbb{R}$ die Menge der reellen Zahlen, dann identifizieren wir $x_o,\ldots,x_n$ mit der Standardbasis von $\mathbb{R}^{n+1}$ und definieren

$$|\Delta| = \bigcup_{\sigma \text{ in } \Delta} \text{konvexe Hülle } (\sigma)\ .$$

$|\Delta| \subset \mathbb{R}^{n+1}$ ist ein topologischer Raum, den wir als die geometrische Realisierung von Δ bezeichnen. Wenn $I \subset R$ ein Ideal ist, bezeichne $V(I)$ diejenige Untermenge von k^{n+1} , auf der die Elemente von I verschwinden. Für $I = (X_{i_o},\ldots,X_{i_r})$ nennen wir $V(I)$ eine Koordinatenhyperebene.

<u>Lemma 6.1.1.</u> Es gibt eine eindeutige Zuordnung zwischen

(a) der Menge der Unterkomplexe von Σ ,

(b) der Menge der quadratfreien Potenzproduktideale in R und

(c) den Vereinigungen von Koordinatenhyperebenen.

Für den einfachen Beweis verweisen wir auf [29]. Dabei vermittelt die obige Zuordnung von I_Δ zu Δ und umgekehrt die Korrespondenz zwischen den Mengen (a) und (b) . Indem man I_Δ auf $V(I_\Delta)$ abbildet, ergibt sich die eindeutige Beziehung der Mengen (b) und (c) .

Wenn $i_o < \ldots < i_r$ und $\sigma = \{x_{i_o},\ldots,x_{i_r}\} \in \Delta$ ist, dann bezeichnen wir σ als eine r-Seite von Δ . Als unmittelbare Anwendung hiervon ergibt sich, dass folgende drei ganze Zahlen übereinstimmen:

(a) $\max\{r \mid \Delta$ hat eine r-Seite$\} + 1$,

(b) $\dim k[\Delta]$, die Krulldimension des Ringes $k[\Delta]$, und

(c) $\dim \Delta + 1$, wobei $\dim \Delta$ die topologische Dimension von $|\Delta|$ bezeichnet.

Beispielsweise gehört zu dem Zylinder

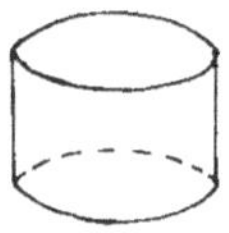

die minimale Triangulierung

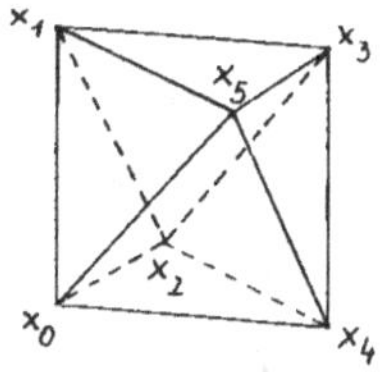

mit dem graduierten Ring

$$k[\Delta] = k[X_o,\ldots,X_5]/(X_oX_3, X_1X_4, X_2X_5, X_oX_2X_4, X_1X_3X_5) .$$

Das ist gerade das in 4.4 betrachtete Beispiel von G. Eisenreich |10|.

Die vorangehenden Betrachtungen gestatten es, Aussagen über simpliziale Komplexe mit den Methoden der kommutativen Algebra zu behandeln. Sei Δ ein simplizialer Komplex mit $d = \dim k[\Delta]$, dann erklären wir den f-Vektor von Δ als

$$f = (f_{-1}, f_o, \dots, f_{d-1}) ,$$

wobei f_i für $-1 \leqq i \leqq d-1$ die Anzahl der i-Seiten von Δ angibt. Hierbei wird $f_{-1} = 1$ gesetzt.

Die Hilbert-Funktion $H(m,R)$ für eine graduierte k-Algebra wird wie zuvor definiert als

$$H(m,R) = \dim_k [R]_m$$

für irgendeine ganze Zahl $m \geqq 0$. Wir benötigen im folgenden ein Resultat von R.P. Stanley aus |68|:

Lemma 6.1.2. Mit den vorangehenden Bezeichnungen gilt für die Hilbert-Funktion von $k[\Delta]$

$$H(m,k[\Delta]) = \sum_{i=-1}^{d-1} f_i \binom{m-1}{i} \qquad \text{für alle} \quad m \geqq 0 ,$$

dabei wird $\binom{-1}{i} = 0$ für $i \neq -1$ und $\binom{-1}{-1} = 1$ gesetzt.

Beweis. Sei $\bar{X}_i$ das Bild von X_i bei der kanonischen Abbildung $R \longrightarrow k[\Delta]$. Eine k-Basis für $[k[\Delta]]_m$, den m-ten homogenen Bestandteil von $k[\Delta]$, wird aus allen solchen Monomen $X = \bar{X}_o^{a_o} \dots \bar{X}_o^{a_n}$ gebildet, für die gilt

$$\deg X = a_o + \dots + a_n = m \qquad \text{und}$$

$$\text{Träger } (X) \in \Delta ,$$

wobei der Träger von X als

$$\text{Träger } (X) = \{x_i \mid a_i > 0\}$$

erklärt ist. Wenn $\sigma \in \Delta$ genau $i+1$ Elemente hat, stimmt die Anzahl der Monome vom Grad $m \geqq 0$ mit dem Träger in σ gerade mit $\binom{m-1}{i}$

überein. Folglich hat die Hilbert-Funktion die angegebene Gestalt. □

Darüber hinaus gibt uns 6.1.2 einen weiteren Beweis für $\dim k[\Delta] = \dim \Delta + 1$. In 6.3 werden wir eine andere Möglichkeit zur Berechnung der Hilbert-Funktion entwickeln, die uns im Vergleich mit 6.1.2 die Möglichkeit gibt, gewisse Abschätzungen für die Anzahl der Seiten f_i zu erhalten.

6.2. Simpliziale Buchsbaum-Komplexe

In 4.4.4 wurde gezeigt, dass "lokal" perfekte, von quadratfreien Monomen erzeugte Ideale Buchsbaum-Ringe ergeben. Wir wollen hier eine topologische Beschreibung der zugehörigen simplizialen Komplexe, sogenannter Buchsbaum-Komplexe, geben. Hierbei verfolgen wir einige Ideen von G.A. Reisner aus |52| weiter.

Mit den Bezeichnungen aus 6.1 sei Δ ein simplizialer Komplex. Dann bezeichnen wir mit $C_{\bullet}(\Delta,k)$ den simplizialen Kettenkomplex mit Koeffizienten in dem Körper k , dabei ist $C_i(\Delta,k)$ der von den i-Seiten von Δ erzeugte k-Vektorraum $(C_{-1}(\Delta,k) \cong k!)$ mit der Differentiation

$$d(\sigma) = \sum_{j=0}^{r} (-1)^j \, (\sigma \setminus \{x_{i_j}\})$$

für $\sigma = \{x_{i_0},\dots,x_{i_r}\} \in \Delta$, $i_0 < \dots < i_r$, wobei $\sigma \setminus \{x_{i_j}\}$ die $(r-1)$-Seite bezeichnet, die man aus σ durch Streichen von x_{i_j} erhält. Ferner sei

$$C^{\bullet}(\Delta,k) = \mathrm{Hom}_k(C_{\bullet}(\Delta,k),k) .$$

Die Kohomologie von $C^{\bullet}(\Delta,k)$ bzw. die Homologie von $C_{\bullet}(\Delta,k)$ ist ge-

rade die reduzierte simpliziale Kohomologie $\tilde{H}^i(\Delta,k)$ bzw. Homologie $\tilde{H}_i(\Delta,k)$ von Δ mit Koeffizienten in k .
Sei $\sigma \in \Delta$, dann bezeichnen wir als Aussenrand $L(\sigma)$ von σ in Δ den Unterkomplex

$$L(\sigma) = \{\tau \in \Delta | \tau \cap \sigma = \emptyset \quad \text{und} \quad \tau \cup \sigma \in \Delta\} .$$

Darüber hinaus benutzen wir die gebräuchlichen Bezeichnungen, wie sie in jedem Lehrbuch über algebraische Topologie dargestellt werden, vergleiche |34| oder |67|.

Satz 6.2.1. Für einen zusammenhängenden simplizialen Komplex und den zugehörigen graduierten Ring $k[\Delta]$ sind folgende Bedingungen äquivalent:

(i) $(k[\Delta])_{\mathfrak{p}}$ ist für alle vom irrelevanten Ideal verschiedenen Primideale $\mathfrak{p}$ ein Cohen-Macaulay-Ring.

(ii) Für alle $\emptyset \neq \sigma \in \Delta$ gilt

$$\tilde{H}_i(L(\sigma),k) = 0 \quad \text{für } i \neq \dim L(\sigma) .$$

(iii) Mit $d = \dim k[\Delta]$ gilt in der abgeleiteten Kategorie

$$\tau_{-d}\, D^{\cdot} \xrightarrow{\sim} \tau_{-d}(\mathrm{Hom}_k(C^{\cdot}(\Delta,k),k)[1]) ,$$

wobei $D^{\cdot}$ den dualisierenden Komplex von $k[\Delta]$ bezeichnet.

(iv) $k[\Delta]$ ist ein Buchsbaum-Ring.

Beweis. Die Aequivalenz der unter (i) und (ii) genannten Aussagen wurde von G.A. Reisner in |52| gezeigt. Ferner ist die Aussage (i) nach 4.4.4 zu der Aussage (iv) äquivalent. Wenn der abgeschnittene dualisierende Komplex $\tau_{-d}\, D^{\cdot}$ in der abgeleiteten Kategorie isomorph zu einem Komplex von k-Vektorräumen ist, erhalten wir nach

4.1.2, dass $k[\Delta]$ ein Buchsbaum-Ring ist. Also ist die Implikation (iii) $\Longrightarrow$ (iv) gültig, und wir benötigen zum Nachweis von 6.2.1 nur noch die Gültigkeit der Implikation (i) $\Longrightarrow$ (iii) . Hierzu bemerken wir zuerst, dass in |52, Theorem 2| gezeigt wird, dass

$$\mathrm{Hom}_k(K_o^{\cdot}(\underline{x};k[\Delta]),k) \xrightarrow{\sim} C_{\cdot}(\Delta,k)[+1]$$

gilt, wobei $K_o^{\cdot}(\underline{x};k[\Delta])$ den nullten graduierten Teil des Koszul-Komplexes von $k[\Delta]$ bezüglich $\underline{x} = \{X_o,\ldots,X_n\}$ bezeichnet. Hieraus folgt

$$K_o^{\cdot}(\underline{x};k[\Delta]) \xrightarrow{\sim} C^{\cdot}(\Delta,k)[-1] \ .$$

Da $k[\Delta]$ F-rein ist (bzw. eine Darstellung von perfektem graduiertem F-reinem Typ besitzt), gilt mit Theorem 1.1 und Theorem 4.8 aus |31|

$$\tau^d\, K_o^{\cdot}(\underline{x};k[\Delta]) \xrightarrow{\sim} \tau^d\, K_o^{\cdot} \ ,$$

wobei $K_o^{\cdot}$ den nullten graduierten Teil des in 2.1 eingeführten Komplexes

$$K^{\cdot} = \varinjlim_{t} K^{\cdot}(\underline{x}^t;k[\Delta])$$

bezeichnet. Andererseits wissen wir

$$\tau^d\, K_o^{\cdot} \xrightarrow{\sim} \tau^d\, K^{\cdot} \quad \text{in} \quad D(k[\Delta]) \ , \text{ da}$$

$$H^i(K^{\cdot}) \cong H^i_{\mathfrak{m}}(k[\Delta]) = [H^i_{\mathfrak{m}}(k[\Delta])]_o \quad \text{für} \quad 0 \leq i < d$$

gilt, vergleiche den Beweis von 4.3.1. Insgesamt bedeutet das in der abgeleiteten Kategorie $D(k[\Delta])$

$$\tau^d\, K^{\cdot} \xrightarrow{\sim} \tau^d(C^{\cdot}(\Delta,k)[-1]) \ .$$

Mit Hilfe der Matlis Dualität ergibt sich hieraus unmittelbar die Aussage (iii) . □

Als Anwendung von 6.2.1 können wir insbesondere die lokalen Kohomologiemoduln durch die reduzierte simpliziale Kohomologie von Δ ausdrücken.

<u>Korollar 6.2.2.</u> Wenn der zusammenhängende simpliziale Komplex Δ eine der äquivalenten Aussagen aus 6.2.1 erfüllt, gilt

$$H^{o}_{m}(k[\Delta]) = 0 \quad \text{und} \quad H^{i}_{m}(k[\Delta]) \cong \tilde{H}^{i-1}(\Delta,k)$$

für $1 \leq i < d$. Für die Invariante $C(k[\Delta])$ des Buchsbaum-Ringes $k[\Delta]$ folgt

$$C(k[\Delta]) = \sum_{i=o}^{d-2} \binom{d-1}{i+1} \dim_k \tilde{H}^{i}(\Delta,k) .$$

Wenn die geometrische Realisierung $|\Delta|$ von Δ eine Mannigfaltigkeit ist, gilt die Bedingung (ii) aus 6.2.1. Folglich ist für jede Mannigfaltigkeit der zugehörige simpliziale Komplex ein Buchsbaum-Komplex. Beispielsweise ist der in 6.1 betrachtete Zylinder von der Art, dass $k[\Delta]$ ein Buchsbaum-Ring und kein Cohen-Macaulay-Ring ist. Denn man sieht, dass $|\Delta|$ eine Mannigfaltigkeit und keine Homologie-Sphäre ist. Darüber hinaus zeigt 6.2.1, dass die Buchsbaum-Eigenschaft von $k[\Delta]$ nur von $|\Delta|$ und k abhängt.

<u>Beispiel 6.2.3.</u> Sei Δ_n eine endliche Triangulierung des reellen projektiven n-dimensionalen Raumes $\mathbb{P}^n_{\mathbb{R}}$, dann erhält man für die simpliziale Kohomologie mit Werten in einer abelschen Gruppe G für $0 < i < n$

$$H^{i}(\Delta_n,G) \cong \begin{cases} G/(2)G & \text{wenn } i \text{ ungerade ist und} \\ T_2(G) & \text{wenn } i \text{ gerade ist,} \end{cases}$$

wobei $T_2(G) = \{g \in G | 2g = 0\}$ den 2-Torsionsbestandteil von G bezeichnet. Für einen Körper k bedeutet das:

$$\tilde{H}^i(\Delta_n,k) \cong k ,$$

wenn die Charakteristik von k gleich 2 ist, und

$$\tilde{H}^i(\Delta_n,k) = 0$$

andernfalls. Ueber einem Körper k mit von 2 verschiedener Charakteristik ist $k[\Delta_n]$ ein $(n+1)$-dimensionaler Cohen-Macaulay-Ring. Wenn die Charakteristik von k gleich 2 ist, erhalten wir mit $k[\Delta_n]$ einen Buchsbaum-Ring mit

$$\dim k[\Delta_n] = n + 1 , \quad \operatorname{depth} k[\Delta_n] = 2 \quad \text{und}$$

$$C(k[\Delta_n]) = 2^n - (n+1) .$$

Das Beispiel Δ_2 wurde zuerst von G.A. Reisner in |52| betrachtet, wo auch das Ideal I_{Δ_2} explizit angegeben wird. Diese Beispiele von graduierten Ringen sind auch insofern interessant, da sich die Länge einer minimalen freien Auflösung von $k[\Delta_n]$ über dem entsprechenden homogenen Polynomring beim Uebergang zur Charakteristik 2 um $n - 1$ verlängert.

Weitere Beispiele simplizialer Komplexe, deren Kohomologiegruppen reine p-Torsionsbestandteile besitzen, ergeben sich durch Triangulationen der Linsenräume.

6.3. Ueber die Anzahl der Seiten simplizialer Komplexe

Sei R eine graduierte k-Algebra, dann betrachtet man neben der Hilbert-Funktion $H(m,R)$ oft auch die Poincaré-Reihe, das ist die formale Potenzreihe

$$F(T,R) = \sum_{m\geq o} H(m,R) \cdot T^m \in \mathbb{Z}[[T]] .$$

Nach dem Satz von Hilbert-Serre, vergleiche |2|, gilt

$$F(T,R) = f(T,R)/(1-T)^d ,$$

wobei $f(T,R) \in \mathbb{Z}[T]$ ein Polynom und $d = \dim R$ ist. Die Poincaré-Reihe ist wie die Hilbert-Funktion auf kurzen exakten Sequenzen graduierter R-Moduln additiv. Wenn $x \in R$ ein homogenes Element vom Grad t bezeichnet, erhält man

$$(1-T^t)\ F(T,R) = F(T,R/xR) - T^t\ F(T,0_R:x) .$$

Sei Δ ein simplizialer Komplex und $R = k[\Delta]$ die zugehörige graduierte k-Algebra. Dann haben wir in 6.1.2 gesehen, dass der f-Vektor von Δ die Hilbert-Funktion $H(m,R)$ vollständig bestimmt. Für die Poincaré-Reihe $F(T,R)$ gilt dann mit $d = \dim k[\Delta]$

$$F(T,R) = (h_o+h_1\ T+\ldots+h_d\ T^d)/(1-T)^d ,$$

wobei man sich leicht überlegt, dass der Grad des Zählerpolynoms in der Tat d nicht überschreitet. Wir bezeichnen den Vektor

$$(h_o,h_1,\ldots,h_d) = h$$

als h-Vektor von Δ .

<u>Lemma 6.3.1.</u> Zwischen h-Vektor und f-Vektor eines simplizialen Komplexes Δ gibt es folgende Beziehungen

$$h_v = \sum_{i=o}^{v} (-1)^{v-i} \binom{d-i}{v-i} f_{i-1} \qquad \text{und}$$

$$f_{v-1} = \sum_{i=o}^{v} \binom{d-i}{d-v} h_i \qquad \text{für} \quad 0 \leq v \leq d .$$

Beweis. Man überzeugt sich durch unmittelbares Nachrechnen von

$$\sum_{m \geq o} f_i \binom{m-1}{i} T^m = f^i \, T^{i+1}/(1-T)^{i+1}$$

für $i \geq 0$. Damit ist

$$(1-T)^d \, F(T,R) = \sum_{i=o}^{d} f_{i-1} \, T^i (1-T)^{d-i} \quad \text{und}$$

$$= \sum_{v=o}^{d} \left(\sum_{i=o} (-1)^{v-i} \binom{d-i}{v-i} f_{i-1} \right) T^v ,$$

indem man die binomische Formel einsetzt. Durch Koeffizientenvergleich ergibt sich die erste Formel. Die zweite Beziehung erhält man durch Inversion der zugehörigen Koeffizientenmatrix. □

Wenn $P = |\Delta|$ ein konvexes simpliziales (d-1)-Polytop ist, bezeichne $f_i(P)$ für $0 \leq i \leq d-1$ die Anzahl der i-Seiten von P . (Für nicht definierte Begriffe verweisen wir auf |23|.) Es ist von einigem praktischen und theoretischen Interesse, die obere Schranke der Anzahl der i-Seiten für ein konvexes simpliziales (d-1)-Polytop P mit n Ecken zu kennen. Die konvexe Hülle von n verschiedenen Punkten der sogenannten Momentenkurve

$$\{(t,t^2,\ldots,t^d) \mid t \in \mathbb{R}\}$$

wird als zyklisches Polytop $C(n,d)$ bezeichnet. Nach |23, § 4.7| ist der kombinatorische Typ von $C(n,d)$ von der speziellen Wahl der n Punkte unabhängig. In diesem Zusammenhang behauptete T.S. Motzkin in |44|

$$f_i(P) \leq f_i(C(n,d)) \qquad \text{für} \quad 0 \leq i \leq d-1$$

für irgendein konvexes (d-1)-Polytop P mit n Ecken. Das ist die sogenannte "Upper Bound Conjecture" für konvexe Polytope. Dabei ist es ausreichend, diese Vermutung für $0 \leq i \leq [\frac{1}{2}d] - 1$ zu zeigen da sich

Abschätzungen für die übrigen f_i aus den Dehn-Sommerville-Gleichungen ergeben, vergleiche hierzu 6.4. In |41| bzw. |42| führte P. McMullen die Zahlen $g_k^{(d)}(P)$ für $-1 \leqq k \leqq d-1$ ein, die in unserer Bezeichnungsweise nach 6.3.1 gerade mit h_{k+1} übereinstimmen. Die ursprüngliche "Upper Bound Conjecture" ist in dieser Bezeichnung äquivalent zu

$$h_i \leqq \binom{n-d+i-1}{i} \qquad \text{für} \quad 0 \leqq i \leqq d\,,$$

vergleiche |41, Lemma 2| oder |42, Lemma 14|. P. McMullen beweist dann in |41| bzw. |42| diese Vermutung mit kombinatorischen Ueberlegungen für konvexe Polytope, wobei ein Resultat aus |6| benutzt wird, dass der Randkomplex eines simplizialen konvexen Polytops "schälbar" ist. Das zieht nicht unmittelbar nach sich, dass die Vermutung zutrifft, wenn $|\Delta|$ eine Sphäre ist. Letzteres wurde von R.P. Stanley in |68| mit Methoden der kommutativen Algebra gezeigt. Wir wollen darüber hinaus Abschätzungen für f_i und h_i erhalten, wenn $|\Delta|$ eine Mannigfaltigkeit ist. Damit geben wir eine Teilantwort auf eine Frage von V. Klee aus |36|, vergleiche auch |68| und |69|. Hierbei ergänzen wir R.P. Stanleys Argumente durch den Gebrauch der homologischen Algebra. Insbesondere hängt unser Beweis von den Ergebnissen aus 4.4, der Wirkung des Frobenius, ab.

<u>Satz 6.3.2.</u> Sei Δ ein $(d-1)$-dimensionaler zusammenhängender simplizialer Komplex, der eine der äquivalenten Bedingungen aus 6.2.1 erfüllt. Bezeichne n die Anzahl der Ecken von $|\Delta|$, dann gilt für die Anzahl f_v der v-Seiten bzw. für h_v

$$f_{v-1} \leqq \binom{n}{v} - \binom{d}{v} \sum_{i=o}^{v-2} \binom{v-1}{i+1} \dim_k \tilde{H}^i(\Delta,k) \quad \text{bzw.}$$

$$h_v \leqq \binom{n-d+v-1}{v} - (-1)^v \binom{d}{v} \sum_{i=o}^{v-2} (-1)^i \dim_k \tilde{H}^i(\Delta,k)$$

für alle v mit $0 \leq v \leq d$.

Beweis. Ohne Beschränkung an Allgemeinheit können wir k als unendlichen Körper voraussetzen. Andernfalls gehen wir zu $k(t)$ über, wobei t eine Unbestimmte über k ist. Dann existiert ein homogenes Parametersystem $\underline{x} = \{x_1,\ldots,x_d\}$ für R , bestehend aus Formen vom Grad 1 . Wir berechnen dann die Poincaré-Reihe $F(T,R)$ mit der oben angegebenen Formel, dann ergibt sich

$$\sum_{i=o}^{d} h_i T^i = F(T,R/\underline{x}R) - \sum_{i=o}^{d-1} T(1-T)^i F(T,Q_i) =: S ,$$

wobei Q_i den Idealquotienten

$$Q_i = ((x_1,\ldots,x_{d-1-i})R : x_{d-i}/(x_1,\ldots,x_{d-1-i})R)$$

für $0 \leq i \leq d-1$ bezeichnet. Nach 6.3.4 gilt für Q_i

$$Q_i \cong \bigoplus_{j=o}^{d-1-i} k^{r_j}(-j) \qquad \text{mit}$$

$$r_j = \binom{d-1-i}{j} \dim_k [H_m^j(R)]_o$$

für $0 \leq i < d$. Das ergibt

$$F(T,Q_i) = \sum_{j=o}^{d-i-1} \binom{d-i-1}{j} \dim_k [H_m^j(R)]_o \cdot T^j .$$

Nach einer Reihe elementarer Umformungen erhalten wir

$$S = F(T,R/\underline{x}R) - \sum_{v=1}^{d} \binom{d}{v} \left(\sum_{i=o}^{v-1} (-1)^{v-1-i} \dim_k [H_m^j(R)]_o \right) \cdot T^v .$$

Aus der letzten Beziehung lesen wir ab, dass

$$F(T,R/\underline{x}R) = g_o + g_1 T + \ldots + g_d T^d$$

von dem Parametersystem $\underline{x}$ unabhängig ist. Wir nennen

$$g = (g_o,g_1,\ldots,g_d)$$

den g-Vektor des simplizialen Buchsbaum-Komplexes Δ . Wir haben somit die folgende Beziehung gezeigt

$$h_v = g_v - \binom{d}{v} \sum_{i=o}^{v-1} (-1)^{v-1-i} \dim_k [H_m^i(R)]_o$$

für $v = 0,1,\ldots,d$. Aus der Formel 6.3.1 erhalten wir

$$f_{v-1} = \sum_{i=o}^{v} \binom{d-i}{d-v} g_v - \binom{d}{v} \sum_{i=o}^{v-1} \binom{v-1}{i} \dim_k [H_m^i(R)]_o$$

für $v = 0,1,\ldots,d$, indem wiederum einige kombinatorische Identitäten benutzt werden. Nun ist der g-Vektor von Δ gerade die Hilbert-Funktion der nulldimensionalen graduierten k-Algebra $R/\underline{x}R$, die die Einbettungsdimension $n - d$ hat. Folglich ist die Dimension g_v des Vektorraums $[R/\underline{x}R]_v$ der Formen vom Grad v nicht grösser als die Anzahl aller linear unabhängigen Formen vom Grad v in $n - d$ Variablen, d.h.

$$g_v \leqq \binom{n-d+v-1}{v} \qquad \text{für} \quad 0 \leqq v \leqq d .$$

Wegen

$$\sum_{i=o}^{v} \binom{d-i}{d-v} g_v \leqq \sum_{i=o}^{v} \binom{d-i}{d-v} \binom{n-d+v-1}{v} = \binom{n}{v}$$

erhalten wir die behaupteten Abschätzungen, wenn wir nach 6.2.2 die lokale Kohomologie durch die simpliziale Kohomologie von Δ ersetzen. □

In |70| hat R.P. Stanley diejenigen numerischen Funktionen H charakterisiert, die Hilbert-Funktion einer graduierten k-Algebra R sind. In Theorem 2.2 von |70| wird gezeigt, dass H dann und nur dann Hilbert-Funktion ist, wenn

$$(H(0),H(1),H(2),\ldots)$$

eine sogenannte 0-Sequenz ist. In unseren Betrachtungen bildet damit der g-Vektor von Δ eine 0-Sequenz. Wenn man diesen Begriff einführt, kann man die angegebenen Abschätzungen leicht verschärfen.

Der Ausdruck

$$\sum_{i=0}^{v-2} (-1) \dim_k \tilde{H}^i(\Delta,k)$$

in der Abschätzung des h-Vektors ist gerade eine "partielle" Euler-Charakteristik des simplizialen Komplexes Δ . Dass die simpliziale (Ko-)Homologie in die Abschätzung von f_v eingeht, verwundert nicht: Wenn die Homologie von Null verschieden ist, gibt es Zyklen, die nicht beranden, d.h. es "fehlen" gewisse Seiten. Der Term

$$\sum_{i=0}^{v-2} \binom{v-1}{i+1} \dim_k \tilde{H}^i(\Delta,k)$$

in der Abschätzung des f-Vektors stimmt gerade mit

$$\dim_k Q_{d-v}$$

überein. Für die Abschätzung der f_{v-1} bedeutet das

$$f_{v-1} \leqq \binom{n}{v} - \binom{d}{v} L_R((x_1,\ldots,x_{v-1})R : x_v/(x_1,\ldots,x_{v-1})R)$$

für $v = 0,1,\ldots,d$. Es wäre interessant, für die Länge der Q_v eine kombinatorische Interpretation zu kennen.

<u>Korollar 6.3.3.</u> Sei Δ ein zusammenhängender simplizialer Komplex, so dass $|\Delta|$ eine Mannigfaltigkeit mit n Ecken ist. Dann gilt für die Anzahl f_v der v-Seiten

$$f_{v-1} \leqq \binom{n}{v} - \binom{d}{v} \sum_{i=0}^{v-2} \binom{v-1}{i+1} \dim_k \tilde{H}^i(\Delta,k)$$

für $0 \leqq v \leqq d = \dim \Delta + 1$.

Beweis. Die Behauptung ergibt sich mit 6.2.1, da $k[\Delta]$ für eine Mannigfaltigkeit $|\Delta|$ ein Buchsbaum-Ring ist. □

Lemma 6.3.4. Sei R eine graduierte k-Algebra, die F-rein ist (bzw. eine Darstellung von relativem graduiertem F-reinem Typ besitzt), und $\underline{x} = \{x_1,\ldots,x_d\}$ ein Parametersystem für R, bestehend aus Formen vom Grad t. Wenn R ein Buchsbaum-Ring ist, gilt

$$(x_1,\ldots,x_{v-1})R : x_v/(x_1,\ldots,x_{v-1})R \cong \bigoplus_{i=o}^{v-1} k^{r_i}(-it)$$

mit $\quad r_i = \binom{v-1}{i} \dim_k [H^i_m(R)]_o \quad$ für $i \leq v \leq d$.

Beweis. Für die graduierte Kohomologie des Koszul-Komplexes von R bezüglich $\underline{x}_v$ haben wir folgende exakte Sequenzen

$$0 \longrightarrow H^{v-2}(\underline{x}_{v-1};R)/x_v\, H^{v-2}(\underline{x}_{v-1};R) \longrightarrow H^{v-1}(\underline{x}_v;R) \longrightarrow$$

$$\longrightarrow (0_{H^{v-1}(\underline{x}_{v-1};R)} : x_v)(-t) \longrightarrow 0 .$$

Nun sind die Kohomologiemoduln $H^r(\underline{x}_v;R)$ für $r < v$ k-Vektorräume und

$$H^v(\underline{x};R) \cong (R/\underline{x}_v R)(vt) ,$$

vergleiche hierzu 4.4.4. Damit ergibt sich

$$0 \longrightarrow H^{v-2}(\underline{x}_{v-1};R) \longrightarrow H^{v-1}(\underline{x}_v;R) \longrightarrow$$

$$\longrightarrow (\underline{x}_{v-1}R : x_v/\underline{x}_{v-1}R)((v-1)t) \longrightarrow 0 .$$

Mit Hilfe der Resultate aus 4.4.4 erhalten wir

$$(\underline{x}_{v-1}R : x_v/\underline{x}_{v-1}R)((v-1)t) \cong \bigoplus_{i=o}^{v-1} k^{r_i}((v-1-i)t)$$

mit der behaupteten Form der r_i . Durch Verschieben der Graduierung erhalten wir damit die Behauptung. □

Wenn man den Beweis von 6.3.2 verfolgt, sieht man, dass 6.3.4

den entscheidenden Schritt darstellt. Dieses Resultat ist für eine weitere Klasse von Ringen als die in 6.3 betrachteten gültig. 6.3.4 zeigt noch einmal deutlich, dass die Abschätzung über die Seiten simplizialer Komplexe von der Reinheit des Frobenius für Ringe von Primzahlcharakteristik abhängt.

6.4. Die Dehn-Sommerville-Gleichungen

Sei P ein simpliziales konvexes $(d-1)$-Polytop und bezeichne wie bisher $f_i = f_i(P)$ für $i = -1,0,\dots,d-1$ die Anzahl der i-Seiten von P. Die f_i genügen einer Reihe von linearen Gleichungen, von denen eine die Eulersche Beziehung ist. In ihrer gebräuchlichsten Formulierung sind das die

Dehn-Sommerville-Gleichungen. Für jede ganze Zahl $v = 0,1,\dots,d$ gilt

$$\sum_{i=v}^{d} (-1)^i \binom{i}{v} f_{i-1} = (-1)^d f_{v-1} .$$

Für $v = d$ ist diese Aussage trivial, und für $v = 0$ erhalten wir die Eulersche Beziehung. Beweise dieser Gleichungen sind von M. Dehn |9| für $d = 4,5$ und D.M.Y. Sommerville |66| bekannt. Für eine neuere Darstellung verweisen wir auf B. Grünbaum |23, § 9.2|. Wir wollen hier einen Beweis anschliessen, der ausschliesslich Methoden der kommutativen Algebra benutzt und darüber hinaus die Gültigkeit der Gleichungen für Gorenstein-Komplexe Δ zeigt. Dabei heisst Δ Gorenstein-Komplex, wenn der zugehörige graduierte Ring $k[\Delta]$ ein Gorenstein-Ring ist.

Die Dehn-Sommerville-Gleichungen können in vielfältiger Weise umformuliert werden. Wir führen diese Gleichungen in eine Aussage über den h-Vektor des simplizialen Komplexes über.

<u>Lemma 6.4.1.</u> Sei $(h_o,\dots,h_d)$ der h-Vektor eines simplizialen $(d-1)$-Komplexes Δ, dann sind die Dehn-Sommerville-Gleichungen äquivalent zu

$$h_v = h_{d-v} \qquad \text{für } v = 0,1,\dots,d .$$

Beweis. Sei $h_v = h_{d-v}$ für $v = 0,1,\dots,d$, dann erhält man aus 6.3.1 mit $m = [d/2]$

$$f_{v-1} = \sum_{i=o}^{m} \left(\binom{d-i}{d-v} + \binom{i}{d-v}\right)h_i .$$

Wenn man das in die linke Seite der Dehn-Sommerville-Gleichungen einsetzt, erhält man nach einigen Umformungen in der Tat $(-1)^d f_{v-1}$. Wenn umgekehrt die Dehn-Sommerville-Gleichungen gelten, erhält man durch Einsetzen des h-Vektors in der linken Seite

$$\sum_{i=o}^{v} \binom{d-v+i}{d-v} h_{d-v+i} = f_{v-1} ,$$

woraus sich im Vergleich mit 6.3.1 sukzessive

$$h_o = h_d,\ h_1 = h_{d-1} \quad \text{usw.}$$

ergibt. □

Wir beweisen nun ein Lemma über die Hilbert-Funktion bzw. die Poincaré-Reihe einer Gorenstein-Algebra.

<u>Lemma 6.4.2.</u> Sei R eine graduierte Gorenstein-k-Algebra der Dimension d, dann gilt für die Poincaré-Reihe

$$F(T,R) = (-1)^d\, T^r\, F(1/T,R)$$

für eine gewisse ganze Zahl r .

Beweis. Wir können wiederum ohne Beschränkung an Allgemeinheit k als unendlichen Körper voraussetzen. Dann existiert ein homogenes Parametersystem $\underline{x} = \{x_1,\ldots,x_d\}$, bestehend aus Formen vom Grad 1 . Da R ein Gorenstein-Ring ist, bildet $\underline{x}$ eine R-reguläre Sequenz. Für die Poincaré-Reihe bedeutet das

$$(1-T)^d \; F(T,R) = F(T,R/\underline{x}R) \; .$$

$F(T,R/\underline{x}R)$ ist die Poincaré-Reihe der nulldimensionalen Gorenstein-Algebra $R/\underline{x}R$. Für ein geeignetes s ist

$$[R/\underline{x}R]_s \cong k$$

gerade der Sockel von $R/\underline{x}R$. Die zugehörige perfekte Paarung (vergleiche |33|) zeigt dann

$$F(T,R/\underline{x}R) = T^s \; F(1/T,R/\underline{x}R) \; ,$$

woraus sich die Behauptung ergibt. □

Für eine allgemeinere Fassung von 6.4.2 verweisen wir auf |70|, wo ausserdem für den Fall eines Cohen-Macaulay-Integritätsringes R die Umkehrung gezeigt wird.

Beweis der Dehn-Sommerville-Gleichungen. Hierzu benutzen wir ein Resultat von M. Hochster aus |29| bzw. R.P. Stanley aus |69|, wo die Gorenstein-Komplexe Δ charakterisiert sind. Aus |29, Corollary 6.8| bzw. |69, Theorem 7| erhalten wir insbesondere, dass $k[\Delta]$ für ein konvexes Polytop $P = |\Delta|$ ein Gorenstein-Ring ist. In Hinblick auf 6.4.2 gilt damit für den h-Vektor von Δ

$$h_v = h_{d-v} \quad \text{für} \quad 0 \leq v \leq d \; ,$$

was mit Rücksicht auf 6.4.1 die Dehn-Sommerville-Gleichungen beweist. □

Literatur

1 Aoyama, Y.: On the depth and the projective dimension of the canonical module, Japan. J. Math. 6 (1980), 61-67.

2 Atiyah, M.F., Macdonald, I.G.: Introduction to commutative algebra, Reading, Mass., 1969.

3 Auslander, M., Buchsbaum, D.A.: Codimension and multiplicity, Ann. of Math. 68 (1958), 625-657.

4 Bass, H.: On the ubiquity of Gorenstein rings, Math. Z. 82 (1963), 8-28.

5 Bertin, M.-J.: Anneaux d'invariants d'anneaux de polynomes en caractéristique p , C.R. Acad. Sci. Paris Sér. A 264 (1967), 653-656.

6 Brugesser, H., Mani, P.: Shellable decompositions of cells and spheres, Math. Scand. 29 (1971), 197-205.

7 Buchsbaum, D.A.: Complexes in local ring theory, in "Some Aspects of Ring Theory", C.I.M.E., Rome, 1965.

8 Chow, W.L.: On unmixedness theorem, Amer. J. Math. 86 (1964), 799-822.

9 Dehn, M.: Die Eulersche Formel in Zusammenhang mit dem Inhalt in der nicht-Euklidischen Geometrie, Math. Ann. 61 (1905), 561-586.

10 Eisenreich, G.: Zur Definition der Perfektheit von Polynomidealen, Arch. Math. 21 (1970), 571-573.

11 Evans, E.G. Jr., Griffith, P.A.: Local chohomology modules for normal domains, J. London Math. Soc. 22 (1979), 277-284.

12 Ferrand, D., Raynaud, M.: Fibres formelles d'un anneau local Noethérian, Ann. sci. Éc. Norm. Sup. (4) 3 (1970), 295-311.

13 Fossum, R.: Duality over Gorenstein rings, Math. Scand. 26 (1970), 165-176.

14 Fossum, R., Foxby, H.-B., Griffith, P., Reiten, I.: Minimal injective resolutions with applications to dualizing modules and Gorenstein modules, Publ. Math., I.H.E.S. 45 (1976), 193-215.

15 Fossum, R., Griffith, P.A.: Complete local factorial rings which are not Cohen-Macaulay in characteristic p , Ann. sci. Éc. Norm. Sup. (4) 8 (1975), 189-200.

16 Foxby, H.-B.: Bounded complexes of flat modules, J. Pure and Appl. Algebra 15 (1979), 149-172.

17 Freitag, E., Kiehl, R.: Algebraische Eigenschaften der lokalen Ringe in den Spitzen der Hilbertschen Modulgruppen, Inv. math. 24 (1974), 121-148.

18 Goto, S., Watanabe, K.: On graded rings I , J. math. Soc. Japan 30 (1978), 179-213.

19 Gröbner, W.: Ueber Veronesesche Varietäten und deren Projektionen, Arch. Math. 16 (1965), 257-264.

20 Grothendieck, A.: Local cohomology, Lecture Notes in Mathematics No. 41, Berlin-Heidelberg-New York, 1967.

21 Grothendieck, A. Cohomologie locale des faisceaux cohérents et théorèms de Lefschetz locaux et globaux, SGA 2 (1962), Amsterdam, Paris.

22 Grothendieck, A., Dieudonné, J.: Eléments de géométrie algébrique, Chap. III_1, Chap. IV_2, Publ. Math., I.H.E.S. 11 (1961), 24 (1965).

23 Grünbaum, B.: Convex polytopes, London-New York-Sydney, 1967.

24 Hartshorne, R.: Residues and duality, Lecture Notes in Mathematics No. 20, Berlin-Heidelberg-New York, 1966.

25 Hartshorne, R., Ogus, A.: On the factoriality of local rings of small embedding codimension, Comm. in Algebra 1 (1974), 415-437.

26 Herzog, J., Kunz, E.: Der kanonische Modul eines Cohen-Macaulay-Ringes, Lecture Notes in Mathematics No. 238, Berlin-New York-Heidelberg, 1971.

27 Hochster, M.: Deep local rings (preliminary version), Aarhus university preprint series, 1973.

28 Hochster, M.: Topics in the homological theory of modules over commutative rings, C.B.M.S. Regional Conference Ser. in Math. No. 24, A.M.S. Providence, 1975.

29 Hochster, M.: Cohen-Macaulay rings, combinatorics, and simplizial complexes, Proc. Oklahoma Ring Theory Conference, 1976, 171-223.

30 Hochster, M., Roberts, J.L.: Rings of invariants of reductive groups acting on regular rings are Cohen-Macaulay, Advances in Math. 13 (1974), 115-175.

31 Hochster, M., Roberts, J.L.: The purity of the Frobenius and local cohomology, Advances in Math. 21 (1976), 117-172.

32 Inversen, B.: Noetherian graded modules I , Aarhus university preprint series, 1971-1972.

33 Kaplansky, I.: Commutative rings, Boston, 1970.

34 Keller, O.-H.: Vorlesungen über algebraische Geometrie, Leipzig, 1974.

35 Kiehl, R.: Beispiele von Buchsbaum-Ringen und -Moduln, Preprint.

36 Klee, V.: The number of vertices of a convex polytope, Can. J. Math. 16 (1974), 701-720.

37 Macaulay, F.S.: The algebraic theory of modular systems, Cambridge, 1916.

38 MacLane, S.: Homology, Berlin-Heidelberg-New York, 1963.

39 Matlis, E.: Injective modules over Noetherian rings, Pacific J. Math. 8 (1958), 511-528.

40 Matsumura, H.: Commutative algebra, New York, 1970.

41 McMullen, P.: The maximum numbers of faces of a convex polytope, Mathematika 17 (1970), 179-184.

42 McMullen, P., Shephard, G.C.: Convex polytopes and the Upper Bound Conjecture, Cambridge, 1971.

43 Mori, S.: On affine cones associated with polarized varietes, Japan. J. Math. 1 (1975), 301-309.

44 Motzkin, T.S.: Comonotone curves and polyhedra, Bull. Amer. Math. Soc. 63 (1957), 35.

45 Mumford, D.: Geometric invariant theory, Berlin-Heidelberg-New York, 1965.

46 Mumford, D.: Abelian varieties, London, 1970.

47 Nagata, M.: Local rings, New York, 1962.

48 Nagata, M.: Complete reducibility of rational representations of a matric group, J. Math. Kyoto Univ. 1 (1961), 87-99.

49 Peskine, C., Szpiro, L.: Dimension projective finie et cohomologie locale, Publ. Math., I.H.E.S. 42 (1973), 49-119.

50 Peskine, C., Szpiro, L.: Syzygies et multiplicités, C.R. Acad. Sci. Paris Sér. A. 278 (1974), 1421-1424.

51 Peskine, C., Szpiro, L.: Liaison des variétés algébriques I, Inv. math. 26 (1974), 271-302.

52 Reisner, G.A.: Cohen-Macaulay quotiens of polynomial rings, Advances in Math. 21 (1976), 30-49.

53 Renschuch, B., Stückrad, J., Vogel W.: Weitere Bemerkungen zu einem Problem der Schnittheorie und über ein Mass von A. Seidenberg für die Imperfektheit, J. Algebra 37 (1975), 447-471.

54 Roberts, P.: Two applications of dualizing complexes over local rings, Ann. sci. Éc. Norm. Sup. (4) 9 (1976), 103-106.

55 Schenzel, P.: Einige Anwendungen der lokalen Dualität und verallgemeinerte Cohen-Macaulay-Moduln, Math. Nachr. 69 (1975), 227-242.

56 Schenzel, P.: On Veronesean embeddings and projections of Veronesean varieties, Arch. Math. 30 (1978), 391-397.

57 Schenzel, P.: Applications of dualizing complexes to Buchsbaum rings, to appear in Advances in Math.

58 Schenzel, P.: Dualizing complexes and systems of parameters, J. Algebra 58 (1979), 495-501.

59 Schenzel, P.: Multiplizitäten in verallgemeinerten Cohen-Macaulay-Moduln, Math. Nachr. 88 (1979), 295-306.

60 Schenzel, P.: Zur lokalen Kohomologie des kanonischen Moduls, Math. Z. 165 (1979), 223-230.

61 Schenzel, P., Ngo viet Trung, Nguyen tu Cuong: Verallgemeinerte Cohen-Macaulay-Moduln, Math. Nachr. 85 (1978), 57-73.

62 Serre, J.-P.: Algèbre locale - Multiplicités, Lecture Notes in Mathematics No. 11, Berlin-Heidelberg-New York, 1965.

63 Sharp, R.Y.: Local cohomology theory in commutative algebra, Quart. J. Math. Oxford (2) 15 (1964), 155-175.

64 Sharp, R.Y.: Dualizing complexes for commutative Noetherian rings, Math. Proc. Cab. Phil. Soc. 78 (1975), 369-386.

65 Sharp, R.Y.: A commutative Noetherian ring which possesses a dualizing complex is acceptable, Math. Proc. Camb. Phil. Soc. 82 (1977), 197-213.

66 Sommerville, D.M.Y.: The relations connecting the anglesums and volume of a polytope in space of n dimensions, Proc. Roy. Soc. London, Ser. A, 115 (1927), 103-119.

67 Spanier, E.H.: Algebraic topology, New York, 1966.

68 Stanley, R.P.: The Upper Bound Conjecture and Cohen-Macaulay rings, Stud. in Appl. Math. 54 (1975), 135-142.

69 Stanley, R.P.: Cohen-Macaulay complexes, in: Proceedings of the Advanced Study Institute in Higher Combinatorics, Berlin, 1976, 51-62.

70 Stanley, R.P.: Hilbert functions of graded algebras, Advances in Math. 28 (1978), 57-83.

71 Stieber, R.: Diplomarbeit an der Sekt. Math. der Martin-Luther-Universität Halle-Wittemberg, 1976.

72 Stückrad, J.: Ueber die kohomologische Charakterisierung von Buchsbaum-Moduln, Math. Nachr. 95 (1980), 265-272.

73 Stückrad, J., Vogel, W.: Eine Verallgemeinerung der Cohen-Macaulay-Ringe und Anwendungen auf ein Problem der Multiplizitätstheorie, J. Math. Kyoto Univ. 13 (1973), 513-528.

74 Stückrad, J., Vogel, W.: Toward a theory of Buchsbaum singularities, Amer. J. Math. 100 (1978), 727-746.

75 Vogel, W.: Ueber eine Vermutung von D.A. Buchsbaum, J. Algebra 25 (1973), 106-112.

76 Zariski, O., Samuel, P.: Commutative algebra, Vol II, Princeton, 1960.

Index

Liste der Symbole